Osprey Military New Vanguard
オスプレイ・ミリタリー・シリーズ

世界の戦車イラストレイテッド
2

IS-2 スターリン重戦車 1944-1973

[著]
スティーヴ・ザロガ
[カラー・イラスト]
ピーター・サースン
[訳者]
高田裕久

IS 2 HEAVY TANK 1944-73

Text by
Steve Zaloga

Colour Plates by
Peter Sarson

大日本絵画

目次　contents

3 スターリン重戦車シリーズの開発
developmental history
KV戦車シリーズ　イズデリエ237　KV-85　IS-85　IS-1とIS-2

9 実戦での記録
operational history
実戦投入　ソ連重戦車の用兵　スターリン戦車の対抗手、パンター
ティーガーI　ティーガーII　新しいデザイン－IS-3　IS-4

19 第二次大戦後の歴史
post war history
IS-6　IS-7　IS-8　T-10　戦後のソ連重戦車部隊　戦後の対抗手
その後の重戦車開発　今日の「ソ連」重戦車

36 諸外国のスターリン戦車
stalin tanks in foreign service
ポーランド　チェコスロバキア　中国
キューバと北朝鮮（朝鮮民主主義人民共和国）　中東諸国

39 派生型
variants
重突撃砲　ミサイル搭載車両　回収車両

46 諸外国における派生型
variants in foreign service

25 カラー・イラスト
47 カラー・イラスト解説

◎著者紹介

スティーヴ・ザロガ　Steve Zaloga
1952年生まれ。装甲車両の歴史を中心に、現代のミリタリー・テクノロジーを主題とした20冊以上の著作があり、旧ソ連、ロシア、東欧関係のAFV研究家として知られる。米国コネチカット州に在住。

ピーター・サースン　Peter Sarson
世界でもっとも経験を積んだミリタリー・アーティストのひとりであり、英国オスプレイ社の出版物に数多くのイラストを発表。細部まで描かれた内部構造図は「世界の戦車イラストレイテッド」シリーズの特徴となっている。

＊本書においてスターリン重戦車系列をあらわす "IS" は、イオーシフ・スターリンの頭文字 "ИС" を（ラテン文字へ）正しく置き換えた表記である。これらがいままで長いあいだ "JS" スターリン重戦車と呼ばれてきた理由は、イオーシフの英語名がジョゼフ（Joseph）であること、また、大戦中の同戦車の情報についてアメリカが頼みとしたドイツ情報部の報告書には、スターリンの名を独語訳でヨーゼフ（Josef）と記していたことなどに起因している。（スティーヴ・ザロガ）

IS-2 スターリン重戦車の系譜
IS-2 Heavy Tank

developmental history

スターリン重戦車シリーズの開発

イオーシフ・スターリン戦車は、ソビエト連邦が開発した究極の重戦車である。

IS-2スターリン戦車は1945年にドイツを降伏へ追い込んだことから、ロシアでは「勝利の兵器」と呼ばれている。また、1945年に登場したIS-3戦車のなめらかで優雅な形状は、ソ連のみならず、ヨーロッパやアメリカの、戦後の戦車デザインに多大な影響を与えた。そしてスターリン戦車シリーズの最終進化型であるT-10戦車は、1950年代の冷戦の期間に同種の戦車を装備していなかったNATO（北大西洋条約国機構）から畏怖の目でみられている。

それにもかかわらず、西側におけるスターリン戦車の評価はいまだに「1944年から1945年という栄光の短い時代があり、（フルシチョフのスターリン批判があった後の）1960年以後不名誉に消え去った」でしかない。

ようやく近年、スターリン戦車系列について真実の物語を記せることが可能となったのだ。

KV戦車シリーズ
The KB series

イオーシフ・スターリン、IS重戦車は、初期に開発されたKV戦車シリーズから発展した。1942年の秋ころまでに、赤軍およびソ連政府の関係者のあいだでは、KV-1重戦車は、失敗作であるという認識が広まっていた。1942年夏のクリミヤ戦、さらにハリコフでの戦闘における敗北の被害状況を検討した結果、KV戦車の技術的、ならびに運用的な問題点が、大いに批判された。KV戦車の47tもの重量はT-34中戦車の28tと比較して、あまりに重すぎた。実戦場において、戦車旅団はしばしばKV戦車を失ったが、それは、橋を渡る際に橋が戦車の重量に耐えられないからだった。おまけに、KV-1の速度の遅さと信頼性の低さは、T-34中戦車のすぐれた戦闘性能と比べると、ひどいものだった。

そしてドイツの重戦車がつねに、中戦車より

KV-13はSKB-2によって、T-34中戦車とKV重戦車の両方に代わる「汎用戦車」として開発が試みられた。全長は普通のKV-1より短い。KV-13は失敗作であった。しかし、車体の形状はIS-1スターリン重戦車に継承された。

KVシリーズの最終量産型であるKV-85。この戦車は即興のストップ・ギャップであり、KV-1Sの改修シャーシに、IS-85戦車からの新しい砲塔を合体させたものである。新しいIS-85の砲塔はターレット・リングがKV-1Sより大きいため、はみ出し部を保護するために、車体側面に張り出しが取り付けられた。

も大口径の主砲を搭載したのとは対照的に、KV-1は、T-34と同じ76mm砲であった。KV-1の唯一すぐれた点はその重装甲であったが、それとて、他の欠点をすべて補って余りあるものではなかった。

1942年秋の国家防衛委員会(「ΓKO／GKO)の会議の席上、国防人民委員部の委員たちは、KV戦車の生産を中止してその生産能力をT-34に振り替えるべきだと主張した(訳注1)。一方、戦車工業人民委員部の委員たちは、その処置は戦車生産を混乱させるとして譲らなかった(訳注2)。その結果、妥協案として運用面ではすべてのKV戦車を通常の戦車旅団の装備から外して、独立重戦車連隊に集めるということで合意し、生産面ではKV戦車のみを生産していたチェリャビンスクの「タンコグラード(戦車の街)」のラインの一部を、T-34の生産に振り分けることとした。

さらに、戦車工業人民委員部は、スターリンから、こう言い渡された。

「…KV戦車の技術的な問題点を克服するんだ。さもなくば、党の政治委員を送り込まれる羽目になるぞ…」(訳注3)

KV重戦車の設計開発を担当していたのは、チェリャビンスクの巨大な戦車生産基地であるタンコグラードに置かれた第2特別設計局(СКБ-2/SKB-2)で、Zh・コーチンが設計局長を務めていた。1942年の夏のあいだ、コーチンの設計チームは、KV-13汎用戦車に心血を注いでいた。KV-13はドイツの88mm砲に耐える充分な装甲厚をもちながらも、車重を30t台まで軽量化した戦車であった。コーチンの望みは汎用戦車であるKV-13の採用によって、T-34とKV戦車の両方の生産が、この戦車に代替されることであった。すでに、モスクワからの指示でタンコグラードの生産ラインの一部を、ライバルであるT-34中戦車に振り分けねばならず、コーチンはかなりの精神的重圧に悩まされていた。KV戦車の生産がすべて中止となり、設計局が閉鎖される可能性も現実問題としてあったからだ。そして、1942年の晩夏に行われた性能調査によって、KV戦車シリーズの伝統的な弱点であるトランスミッションの低信頼性が、KV-13でも解決されていないことが明らかになった結果、汎用戦車計画はキャンセルされた。

この不採用の通知を受けたコーチンの落胆ぶりはひどく、座り込んだまま一日中気が抜けたように過ごすばかりだったので、設計局の同僚たちは彼を設計責任者から外してしまった。

だが、KV戦車の開発自体は継続されることになった。副設計局長のニコラーイ・ドゥ

訳注1：彼等は、戦車を運用する軍人側の立場である。

訳注2：こちらは、戦車を生産する工場側の立場。

訳注3：これは、もはや、最後通告である。

ホフが中心となって進めていた、KV-13とは別の改良案のおかげである。ドゥホフは、KVの最も重大な技術上の欠陥である脆弱なトランスミッションを解決する手段として、ニコラーイ・シャシムリンの手になる改良型トランスミッションに目を付けていた。このトランスミッションはKV-3戦車のために開発されたものであった。KV-3は延長された車体に新型砲塔を搭載した戦車で、1941年にニコラーイ・シャシムリンによって設計されたが、独ソ開戦によって量産が見送られた不運な戦車であった。

ドゥホフが完成させた戦車は、KV-1Sであった。名称の最後の「S」は、ロシア語で高速 (скороцкной/skorotsknoi) を意味し、その名のとおり装甲を減らして信頼性と速度を増した戦車であった。この戦車は採用され、失敗作であるKV-1に代わって1942年8月から生産されることになった。しかし、KV-1Sは短命に終わる結果となった。1943年1月、赤軍はレニングラード地区において、新型のティーガーI重戦車を捕獲した。ティーガーIの装甲はKV-1Sに勝り、しかも主砲には、強力な88㎜砲を搭載しており、火力も、はるかにすぐれていた。

さらに1943年の夏になると、ドイツは新型のパンター中戦車も実戦投入してきた。パンターはすぐれた性能を誇る新型の長砲身75mm砲を装備し、ソ連のT-34やKV戦車の短砲身76mm砲よりも、攻撃力は格段にすぐれていた。

ドイツ軍はソ連の戦車部隊に対し独ソ開戦以来、かつてないくらいに技術的な優勢に立っていた。ドイツのティーガー戦車隊は、T-34やKV-1Sの有効射程の外から、ソ連戦車隊を全滅させることができた。にもかかわらず、皮肉なことにもクルスクの大戦車戦において、赤軍の戦車部隊はドイツと比べて質的には劣っていたにもかかわらず勝利できた。

赤軍にとって運がよかったのは、ティーガーやパンターはまだ台数が少なく、とくにパンターは、多くの新型戦車につきものの初期不良に悩まされていたのである。

イズデリエ237
Изделие 237

1943年1月に捕獲されたティーガーI戦車に対抗すべく、コードネームが「イズデリエ (Изделие/Izdelie) 237 (237型の意)」という新型重戦車の開発が決定された(訳注4)。

KV戦車は、戦前の国防人民委員長で、コーチン技師の義理の父親でもある、クリメンティ・ヴォロシーロフにちなんで命名された。しかし、ヴォロシーロフは、赤軍の最高責任者として不適格であるとされ、1941年に解任されてしまった。抜け目のないコーチンは、新型戦車の名称を変更することにした。彼が選んだ、新たなる名称こそは「イオーシフ・スターリン」(頭文字はИ.С./I.S.)で、これならばソ連の最高権力者も満足してくれるであろう(なにせ、自分の名前なのだから)、素晴しいアイディアであった。

新型戦車設計チームは「IS設計局」のコードネームで呼ばれ、トランスミッションを設計しKV-1Sを救ったニコラーイ・シャシムリン技師を主任として結成された。さらに、この設計チームには、A・イェルモライエス、L・スイチェス、R・リビンなかの設計局の経験豊富な技師たちも名を連ねていた。

開発作業は、まず主砲を選定すべく、捕獲した

訳注4：最近の資料では、IS戦車の直接の試作車は「オビーエクト (Объект/Obiekt) 237」といわれている。

イズデリエ240はIS-2シリーズの試作車である。この車両は単作動式マズルブレーキを取り付けた122㎜砲A-19を主兵装としている。量産型のIS-122では、二重作動式マズルブレーキを装着している。

1944年夏の実戦場でのIS-122初期生産ロット。最初の生産型のIS-122は、KV-13の車体前部、狭い防楯、そして砲塔上面にある砲手用の初期の「ガムドロップ」ペリスコープなどの特徴がある。

ティーガーI重戦車への実弾射撃試験からはじまった。新型の砲弾を使用した76mm戦車砲、122mm榴弾砲、85mm対空砲、122mm軍団砲(訳注5)で実際にティーガーIを撃ち、このなかで85mm対空砲と122mm軍団砲の2種類が有効な成果を上げたため、いずれかを改修すれば新しい戦車砲になるとの希望が生まれた。この結果、85mm対空砲を改修した戦車砲が、スヴェルドロフのF・ペトロフ設計局によって開発された。

一方、イズデリエ237の車体の開発は、それまでに彼らが作り上げたKV-13やKV-1Sを改良することで進められた。車体前半部の形状はKV-13とほぼ同じであったが、機関室の形状は改良されてトランスミッションも信頼性の高いものが搭載された。新設計された車体では車体前半部に操縦手しか搭乗せず、これまでの乗員の5人制は廃止された(訳注6)。

訳注5：ソ連独自の砲の呼称で、ほかにも師団砲や連隊砲などがある。

訳注6：KV戦車では、車体に操縦手と前方機銃手が乗り込んでいた。

下左●IS-122の第二生産ロットでは、まだKV-13の車体前部は残っているが、改良されて幅広となった防楯を取り付けた砲塔が導入された。写真の車両は、ワルシャワのポーランド軍事博物館に展示されている。

下●IS-85は、1943年の終わりに生産に入った。しかし、122mm砲への換装が決定したため非常に短命に終わった。この写真で、古いIS-85の特徴がわかる。KV-13の車体前部、狭い防楯と85mm砲。この戦車は、のちにIS-1と改称された。

訳注7：ソ連の設計者たちは、この方法を気に入ったらしく、戦後のT-54/-55、T-62も同様の手法で、車体幅より大きな砲塔を搭載している。著者が考えているほど、無茶とは認識してないようだ。

砲塔は右側に装填手、左側に車長と砲手が位置するというV-1Sの改良された乗員配置を継承した。新型砲塔は改良された光学機器同様、装甲もKV-1Sよりも強化された。シャシムリンのチームが6月からイズデリエ237の試作車の開発を進めている一方で、同じくチェリャビンスクのN・ドゥホフが率いる別の設計チームでは、85㎜砲を搭載した火力強化型KV-1Sの可能性を模索していた。最終的に1台の試作車が製作されたが、主砲を操作するにはあまりに砲塔が狭すぎる代物にすぎなかった。

KV-85
KB-85

1943年の夏に繰り広げられたはげしい戦車戦（クルスク戦）は、ソ連の戦車隊の指揮官たちにT-34とKV戦車の貧弱な火力について辛辣な不満を述べさせる結果となったが、新しいイズデリエ237重戦車が、年末までに配備されるめどは立っていなかった。それでもなお、ドイツ戦車との火力格差を縮めるべく、何らかの対策をしなければならなかった。かくして、イズデリエ237の改良型砲塔をV-1Sの車体に搭載した、KV-85と呼ばれる戦車の開発をドゥホフの設計チームは命じられた。

新型砲塔のターレットリング径はKV-1Sの車体よりも大きいため、そのままでは車体幅を広げる必要があった。そこで、砲塔基部がはみ出してしまう車体上部の両側面に、張り出しを取り付けるという単純な解決策が考え出された。これは無茶な発想であったが、この戦車の場合、ストップギャップを埋めることが最重要課題であったのだ（訳注7）。

1943年8月にイズデリエ237とKV-85の試作車は、クビンカ兵器試験場でスターリン首相を筆頭に国家防衛委員会のメンバーが見守る前で、デモンストレーションを行った。スターリンはKV-85重戦車の即時生産を承認し、イズデリエ237を「IS-85」として、できる限り早く量産を始めるように命じた。KV-85重戦車は同年9月からチェリャビンスクで量産が開始され、11月までに約130両が完成した。

IS-122折衷型が戦闘中の写真。ウクライナ第2方面軍所属の車両で、場所は1944年12月のハンガリーのブダペスト郊外。この車両は初期の車体前部なのだが、改良された幅広の防楯を取り付けている。

IS-85
ИС-85

IS-85の生産ラインを構築する作業はチェリャビンスクで9月からはじまった。しかしこれはKV-85よりもはるかに苦労の多い仕事であった。

たとえば、大型の鋳造部品で構成された新型車体はそれまでのソ連戦車には前例がなかった上に、改良されたトーションバーサスペンションは、いくつかの初期不良を抱えていた。さらに、搭載武装についての問題が噴出したため、量産開始はますます遅れることになった。

1943年の秋までに、戦車を運用する立場である

軍はT-34中戦車に搭載された76mmの威力不足を確信するようになっていた。そこで、T-34の主砲をより口径の大きな砲に換装する計画が、すでに開始されていたのである。このニュースはチェリャビンスクの設計者たちを落胆させた。新型の重戦車は、またもや、武装に関しては赤軍の標準装備である中戦車と同等ということになってしまうのである。新型85mm戦車砲D-5Tの射撃試験は繰り返されていたが、期待を満たす性能ではなかった。捕獲された数台のティーガーI戦車がチェリャビンスクに運び込まれ、さまざまな角度から85mm砲弾を撃ち込む標的とされた結果、85mm戦車砲D-5Tでは、ティーガーIの主砲である88mm砲の有効射程の外から、ティーガーIの装甲を確実に貫通することはできないことが判明した。

この問題の解決策はイズデリエ237により強力な主砲を装備することであった。好都合にも、ペトロフ設計局が対戦車戦闘用に特化した100mm砲D-10を開発中であった。しかしながら、100mmという口径はこれまでの赤軍装備になかったので、弾薬補給や生産準備の時間などを考慮すると採用の見通しは乏しかった。そこで、122mm軍団砲の弾薬であれば、すでに赤軍の補給体系に組み込まれているため、新たなる計画車両であるイズデリエ240の主砲にはこの口径が選定された。

イズデリエ240の開発計画は1943年11月に承認されたが、ちょうど同時期にイズデリエ237の第1号車が、生産ラインからロールアウトした。イズデリエ237はIS-85として正式に採用されて1943年末までに計67台が完成し、さらに40台が1944年の初頭に生産された。

ペトロフの火砲設計チームは85mm戦車砲D-5Tと同じ砲架に、かつては戦車砲として採用をあきらめた122mm軍団砲A-19を搭載した試作砲を完成させた。この新しい122mm戦車砲はD-25Tと呼ばれた。複数門が製作された最初の試作砲は、砲尾の閉鎖器が伝統的な隔螺式を用いており、1943年の11月後半にチェリャビンスクへ届けられた。この形式の閉鎖器は試作砲のみで、量産車には、より操作性を高めた半自動式の鎖栓式が採用された(訳注8)。

D-25Tの試作砲を搭載したイズデリエ240は、モスクワ郊外にあるクビンカ兵器試験場へ、11月末に性能審査のために送られた。射撃試験の標的は捕獲されたドイツのパンター戦車であった。1500mの距離から射撃された122mm弾頭はパンターの正面装甲を貫通し、戦車のエンジンを打ち貫いて、後面装甲板から飛び出した。大成功であった性能審査の結果、できるかぎり、すみやかにイズデリエ240を量産化するよう決定された。改良型の122mm戦車砲D-25Tは12月に完成し、1943年12月31日に、イズデリエ240は正式採用された。

IS-1とIS-2
The ИС-1 and ИС-2

イズデリエ240の生産は1944年1月から開始され、IS-122という新名称で呼ばれた。しかしすぐに機密保持の目

新型の鋳造車体の前半部を導入し完成されたIS-2は、1944年春に現われた。この型は、しばしばIS-2mもしくはIS-2 1944年型と呼ばれる。この車両は1945年1月にポーランドのポズナニを通過している。第4転輪が失われていることに注意して欲しい。これはおそらく地雷によるダメージであろう。

右頁上●第二次大戦中、ソ連以外でIS-2を戦闘に使用したのはポーランド人民軍(LWP)だけであった。この写真は、第4戦車連隊の戦車が、丸太を束に積んで復旧させた橋を渡っている。

ベルリンの最終戦の際に路上を行くIS-2。砲塔の白帯と上面の白十字は連合軍の航空機によるソ連戦車隊への誤爆を避けるために、連合軍の識別用マーキングとして導入された。

的から名称の単純化が決定され、イズデリエ237はIS-1に、イズデリエ240はIS-2にそれぞれ変更された。IS-2スターリン重戦車の量産第1号車の完成は、主砲の不足と設計作業の繁雑さのため遅れがちであった(訳注9)。

最初の150台の量産車は2月に完成し、続いて275台が3月に出来上がった。4月にはチェリャビンスクにおけるT-34の生産が中止された。IS-2の生産台数を月産350台まで増やすためである。1944年4月から6月にかけて、新方式で組み上げられた車体がチェリャビンスクの工場に追加された(訳注10)。

operational history

実戦での記録

訳注8：隔螺式閉鎖機と鎖栓式閉鎖機。砲弾を後部から込める方式の砲では、射撃時のガスが漏れないように栓をせねばならない。この栓の役割をはたすのが閉鎖機である。閉鎖機の形式は大きく分けて、隔螺式と鎖栓式の2種類がある。砲尾部の内側にネジ状の溝を掘り、そこに噛み合うように、閉鎖機自体に飛び出し式のネジ状突起を取り付けたのが隔螺式閉鎖機である。一方、凹形状の砲尾部を、滑動するブロック状の閉鎖機によって、閉鎖するのが鎖栓式である。イギリスやフランスが隔螺式閉鎖機を多用したのに対して、ドイツは鎖栓式を好んで採用した。隔螺式閉鎖機は、砲尾を比較的小型化できる長所があったが、製造が簡単なのは、鎖栓式であった。

訳注9：主砲の換装にともなう、弾薬ラックなどの内部レイアウトの再設計のため。

訳注10：IS-2を増産するために、スヴェルドロフスクのウラル重機械製作工場で、シャシーの全体を溶接構造とした新車体が生産され、チェリャビンスクに送られた。

訳注11：ソ連では、名称を連隊としているが、実質的な規模は大隊である。

IS-1が本当に実戦部隊配備されたかは定かではない。結局、大部分のIS-1をIS-2に改修することが決定し、最終的に102台が122mm砲に換装された。

新型のIS-2は1944年2月に実用化され、この戦車のために特別の戦車部隊が新編成された。この部隊は独立親衛重戦車連隊（Отдельный Гвардейский Тяжёлый Танковый Полк, ОГТТП/OGTTP）と呼称され、各5台のIS-2を装備する4個中隊から成り、計21台のIS-2で連隊は編成されていた(訳注11)。通常、この連隊は特別な攻撃用に温存されたため、しばしばドイツ兵からは「突破連隊」と呼ばれた。また、大攻勢がはじまる際には、ドイツの防衛拠点のなかでも強固な場所を、尖兵戦車として攻撃することが多かった。IS-2は生産台数が増えるまで、高級作戦指令部の予備兵力とされた。

実戦投入
Into battle

IS-2の初陣は1944年4月の、ポーランド東部のタルノポール（現ウクライナ領テルノポリ）近郊であった。ツィガノフ大佐を長として編成されたばかりの第11独立親衛重戦車連隊が、第503重戦車大隊所属のティーガーIと衝突を繰り返したのである。このときに1両のIS-2が撃破されたが、ドイツはいずれ彼らの脅威となる新型戦車を調べる時間が充分になかった。

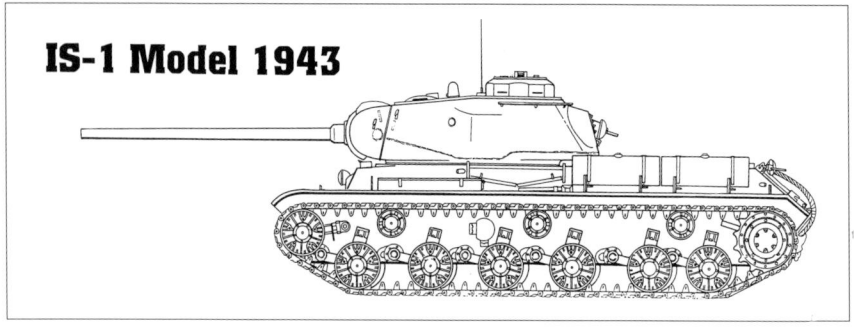

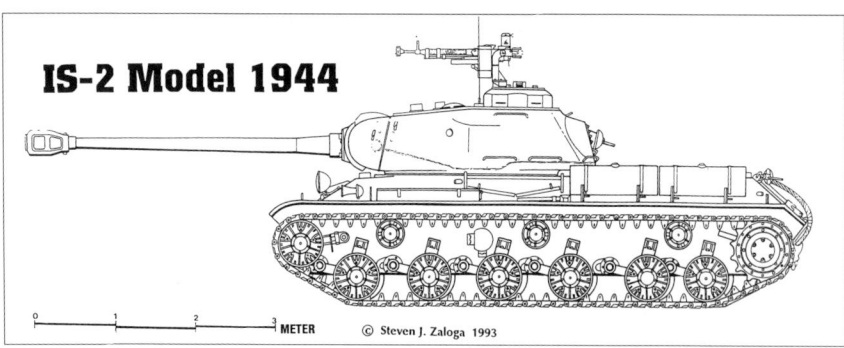

上●IS-1 1943年型左側面図。
下●IS-2 1944年型左側面図。

その1カ月後、ドイツ軍はルーマニア北部のティルグ・フルモス(タルグル・フルーモス)近郊で、間近からIS-2をみる羽目になる。ソ連は、ベラルーシ(白ロシア)で展開する主攻勢(バグラチオン作戦)の準備をドイツの目から遠ざけるため、1944年5月に偽装戦略としてルーマニアで攻勢に出た。このとき少なくとも1個連隊のIS-2を参加させた。IS-2重戦車はこの地域のドイツ軍にとっては、驚異以外の何物でもなかった。これまで彼らは、3000m以上の距離から強力な火力で攻撃を仕掛けてくる性能のソ連戦車となど、戦ったことがなかった。

グロースドイッチュラント機甲擲弾兵師団のティーガーI中隊は、3000mから射撃を開始した。しかし、彼らの88mm砲弾はIS-2の厚い正面装甲に跳ね返され、ダメージを与えることができなかった。B・クレムツの中隊は反撃の末に3両のIS-2を撃破し、この功績によって彼は騎士十字章を授与された。ドイツ軍は新型のスターリン重戦車連隊を、まだ経験未熟な部隊であると結論づけた。ティーガーIの戦車兵たちは、戦闘不能となったスターリン重戦車を検証した結果、IS-2の主砲は強力で装甲も厚いが、テ

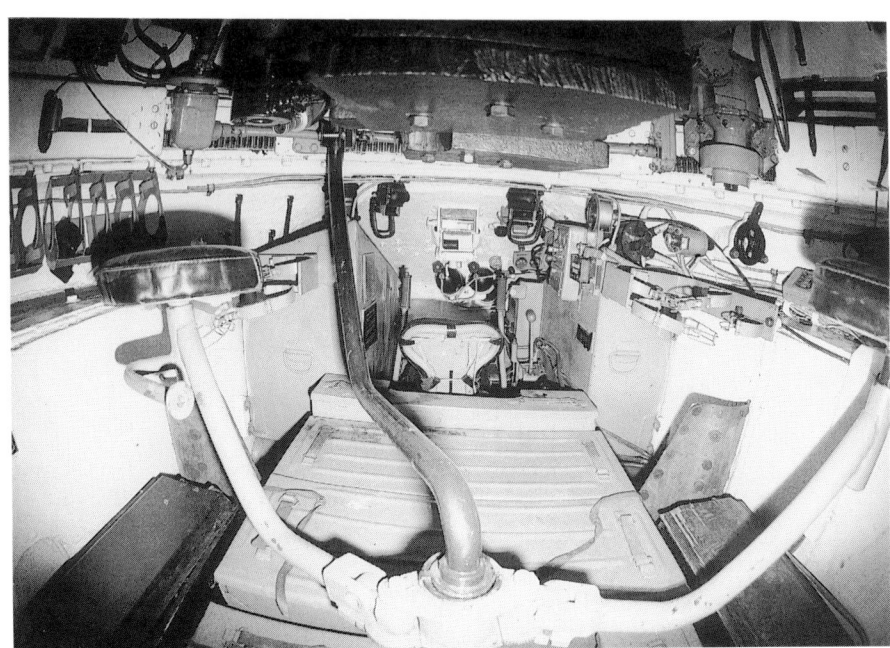

IS-2の戦闘室から操縦室を床位置で写した写真。中央の導管は、砲塔に繋がる電気ケーブルがなかを通っている。その脇の2本の支柱は砲手と装填手のシート。車体床面の箱は主砲弾の薬筒の収納に使用される。122mm戦車砲D-25Tは、薬筒の重量が13lb(約5.9kg)、徹甲弾頭の重量が55lb(約25kg)と重いために、分離式砲弾を使用していた。

ィーガーⅠと比較すれば幾分速度が遅く、操縦性能が悪いとの結論に達した。

このルーマニアにおける遭遇後、スターリン重戦車は東部戦線全域で目撃され始め、しだいにその数を増やしていった。

ドイツ軍には、まだ戦闘に関して経験不足であるという第一印象を与えてしまった新らしい重戦車連隊だったが、ソ連の戦車部隊は新型戦車の配備を歓迎していた。できる限り早急に、最低でも各戦車軍団に1個連隊のIS-2を配備させるべく、IS-2の増産が決定されたことを、戦車兵たちは拍手喝采してよろこんでいた。

ベラルーシにおいて初夏に実行されたバグラチオン作戦の期間中、もっとも批判が多かったのは、独立親衛重戦車連隊の編成数の少なさであった。この大攻勢にさえ、第1バルト方面軍に第2独立親衛重戦車連隊、第3ベラルーシ方面軍に第14および第35独立親衛重戦車連隊、第1ベラルーシ方面軍に第30独立親衛重戦車連隊の、わずか4個連隊が割り当てられただけだった。このなかでもふたつの連隊は華々しい戦勲を称えられて、彼等が解放に貢献した都市の名を連隊名に冠することになり、第2ボロツキー独立親衛重戦車連隊と第30ブレスツキー独立親衛重戦車連隊と改称された。

バグラチオン作戦によってドイツ中央軍集団は壊滅した。これはドイツの軍集団にとって、大戦のなかでも唯一にして、最大の敗北であった。この大勝利のおかげで赤軍はワルシャワ郊外まで進軍できた。

上●ポーランドのIS-2 1944年型の全体形を明確に写した写真。各部の配置がはっきりとわかる。砲身に描かれた5個の「X」はキルマークで、この戦車の大戦中の戦果である。

下●IS-2からIS-2Mへの近代化は、1954年からはじまった。この近代化改修は車体側面への収納箱の追加、新型サイドスカート、車外予備燃料タンクの追加、そして内部の改良などが含まれていた。この素晴らしいレストア車両は、1988年にダックスフォードの帝国戦争博物館に引き渡された。

ソ連重戦車の用兵
Soviet heavy tank tactics

いくつかの点で、IS-2スターリン重戦車の用兵はティーガーⅠ重戦車と似ていた。どちらも少数で独立した部隊を編成し、特別な任務のために高級指揮系統下に割り当てられていた。ただ、ドイツのティーガー重戦車大隊の典型的な用兵は、ソ連軍の突破によって危険な事態に陥った前線にすぐに駆けつけて、撃退してくれる防御戦の「消防隊」であった。それとは対照的に、IS-2は主に突破支援に用いられた。しばしば、ソ連の指揮官たちはドイツの戦車戦力が弱い場所を突破地点に決めて攻撃してきた。その結果、IS-2スターリン重戦車は戦車同士のはげしい戦闘を想定する必要がなかった。IS-2重戦車の装甲と火力は臆病なドイツの歩兵を脅すのに充分な道具であった。IS-2の主な敵は牽引式の75mm対戦車砲PaK40や、パンツァーファウストやパンツァーシュレックなどの対戦車ロケットを装備した、ドイツ歩兵の対戦車チームであった。

数カ所の仕様変更を施したIS-2重戦車が、大量生産によって供給された。KV-13を基本とした車体の前面形状は、製造が厄介であることが判明した。新型の車体前部の鋳造部品は1944年の春に開発された。さらに、主砲のD-25T専用の防楯と砲架も導入された。それまでの防楯と砲架は小口径で、威力も少ない85mm戦車砲D-5Tのために開発されたので、耐久性が充分でなかったため、新しい幅広の防楯が採用された。

ほかにも、細部変更があり、旧型のPT-4-17ペリスコープが、新しいMK-4ペリス

IS-2m

IS-2 1944年型四面図。

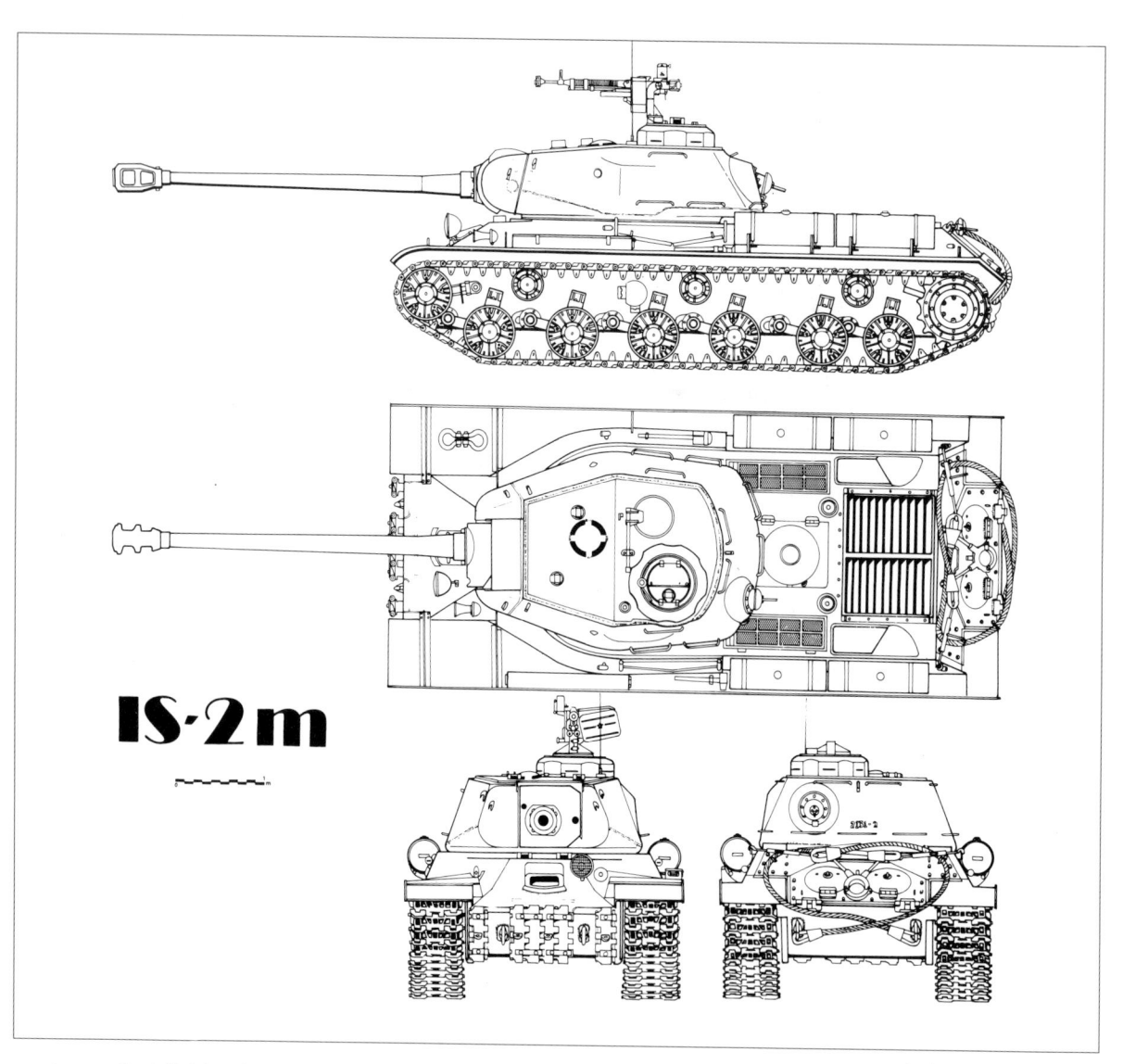

コープに交換され、車両の防御用に、12.7mmDShK重機銃が追加装備された。この改良型はIS-2mもしくはIS-2 1944年型と呼ばれた (訳注12)。

　IS-2重戦車はタンコグラード工場で、合計2250台が生産された。内訳は250台が1944年の1-3月に、525台が同年4-6月、725台が7-9月、750台が10-12月期にそれぞれ製造されたのである。

スターリン戦車の対抗手、パンター
The Stalin's adversaries — The Panther

　IS-2と第二次世界大戦中のドイツ戦車を比較検討してみると、設計概念にいくつかの重要な差異がみられる。ロシアでは重戦車とされているのに、IS-2の実際の大きさと重量はドイツのパンター中戦車とほとんど同じで、どちらも戦闘重量は約46tである。さらに、IS-2とパンターは対戦車攻撃力もかなり近いが、携行弾数がスターリンの28発に対して、パンターは81発とはるかに多かった。この差はドイツの長砲身75mm砲よりも、砲弾が重くて大きな122mm砲をソ連が選択した結果であった。どちらの主砲も

訳注12：IS-2mという呼称は、戦後にポーランドの戦車研究家ヤヌシュ・マグヌスキー氏が自著で便宜的に採用し、この原著者であるスティーヴ・ザロガ氏によって、世界に広められた名称であり、ソ連の正式な名称ではない。

装甲貫通力は同等で、距離1000mで150-160mmの装甲を貫通できたが、ドイツの75mm砲の弾頭は非常に小型で、重量も軽くわずか4.7kgしかないのに、ソ連の122mm砲は巨大で25kgもあった。

[著者註：運動エネルギーによる衝撃力は、弾丸重量よりも速度が重要な要素となる（運動エネルギーは、弾丸重量×初速^2／砲身長と重力影響を加味して算出する）。ソ連の122mm砲は大口径であるが初速が781m/sしかないため、初速が1120m/sもあるドイツの75mm砲弾と、計算上はほぼ同等の衝撃力エネルギーとなってしまう]

一方、パンターの75mm砲は榴弾の場合わずか7kgしかないのに対して、ソ連の122mm砲の榴弾は25kgもあるため、非装甲の標的を狙うには有利であった。多くの戦車研究家たちが戦車砲は貫通力であるという妄想にとりつかれているが、戦史記録を調べてみると、戦車戦においては徹甲弾より榴弾がはるかに多用されているのだ。

IS-2スターリン重戦車がパンターよりもはるかにすぐれていたのは、砲塔前面（パンターの110mmに対して、IS-2は160mm）と車体前面（同じく80mmに対して120mm）の装甲厚であった。この長所の秘密は「IS-2の携行弾数は、どうして、こんなにも少ないのか」という別の質問の解答でもある。つまり、内部容積を犠牲にして達し得たのだ。ドイツの戦術教本によれば、パンターなら600mまで接近すればIS-2の装甲を貫通できると保証しているが、実は、IS-2は距離1,000mでパンターの装甲を貫通することができた。また、両車とも、距離2000mでおたがいの側面装甲を貫通できた。

機動性はパンターのほうがIS-2よりすぐれていた。出力重量比ではスターリンが11.3hp/tなのに対し、15.4hp/tで、最高速度もスターリンの37km/hに対して46km/hであった。

左●IS-2の車体内部はソ連の標準よりも、比較的広い。この写真は車長の位置から、前方の砲手の位置を見下ろしたアングルである。右側にみえるのは122mm戦車砲D-25Tの閉鎖器。無線機の前のラックは7.62mmドラム弾倉用。

下●装填手はIS-2の砲塔の右側に座る。122mm砲の閉鎖器が左側にみえており、床には砲弾ケースが置かれている。これは分離式砲弾の薬筒用である。この車両は主砲同軸の7.62mm機銃を装備していない。

ティーガーI
Tiger I

　ティーガーIと比べると、IS-2は重量が10t程度も軽いのに装甲で少し勝っていた。この主な理由は既述のとおり、IS-2が内部容積を犠牲にしているからである。

　攻撃力の面では、ティーガーIの88mm砲はIS-2の122mm砲と対戦車性能はほぼ同等であったが、榴弾射撃の際には弾丸重量が重いIS-2の方が、非装甲の標的に対しては有利であった。だが、ティーガーIはIS-2の3倍の砲弾を搭載していた。どちらの戦車も、通常の戦闘距離である1000mで相手を撃破することができた。それ以上の長距離戦闘では、勝敗を決めるのはそれぞれの乗員の能力や戦場の条件しだいであった。IS-2の厚い前面装甲は、1500m以上の距離から撃たれたティーガーIの砲弾では貫通できなかったが、同じ距離からのIS-2の砲撃はティーガーIにダメージを与えられた。けれども、ドイツ戦車はソ連戦車よりも際立ってすぐれた光学機器を装備しており、これはあらゆる長射程の戦闘において、大きな影響をおよぼした(訳注13)。

　ティーガーIとIS-2の長所と短所を比べて得られる結論は、(性能的には、片方が圧倒的に優位というわけではないので)乗員の能力と戦術状況が両車同士の戦車戦での勝者を決める、である。

ティーガーII
Tiger II

　1944年8月、新たなる敵が東部戦線に出現した。ティーガーII、もしくはキングタイガーとも呼ばれるケーニッヒスティーガー重戦車である。重量68tのティーガーIIは、IS-2スターリンよりもはるかに大きく、重かった。

　ティーガーIIとソ連戦車の最初の遭遇戦は、ポーランドの小さな村であるオグレドウの近郊で1944年8月12日に起きた。第53親衛戦車旅団の1台のT-34-85が、第501重戦車大隊の縦隊に待ち伏せ攻撃を仕掛けて、3台のティーガーIIを撃破したのである。しかし、現実には、東部戦線の部隊へのティーガーIIの配備台数が少なかったために、IS-2との戦闘というのは珍しかった。数少ない衝突例として、1944年11月にハンガリーのブタペスト郊外において、第503重戦車大隊とIS-2の親衛戦車連隊との戦闘がある。また、大規模な衝突のひとつが、1945年1月12日からのソ連軍によるオーデル河への攻勢の開戦早々に起きていた。リソヴ村の近郊で、第424重戦車大隊(第501重戦車大隊が改称)のティーガーIIの一個縦隊が、スターリンとの近距離戦に巻き込まれたのである。はげしい砲撃によって、ドイツ、ソ連ともに部隊の被害はきわめて重大であった(訳注14)。

　IS-2とティーガーIIでは、ティーガーIIの方が大きさも巨大で、重量も異なるため、正当に比較することはできない。ティーガーIIの装甲はIS-2よりも勝っており、主砲も、とくに長射程における徹甲弾の威力は、はるかに強力だった。唯一、IS-2が有利なのは機動性だけであった。このことは、IS-2が装甲や火力が優位であるティーガーIIと衝突した際に、それらが意味をなさない至近距離での戦闘ならば、勝てることを意味した。

　ドイツ戦車との実戦経験からIS-2の問題点が明らかになり、いくつかの改良が促された。携行弾数の少なさは深刻で、とくに多数の対戦車砲や火力拠点が待ち受ける突破戦では、かなりの問題となった。簡単な解決策としては122mm戦車砲 D-25Tの対戦車性能が同等で、携行弾数も多くなる100mm砲か、長砲身の85mm砲を搭載することだった。IS-2の原型となったIS-1では、主砲の85mm砲弾のサイズが小さいおかげで、

訳注13：光学機器は1930年代の先端技術であり、カール・ツァイス財団やライツ社を国内にもつドイツは、この分野で当時世界最高水準にあった。したがって遠距離射撃では圧倒的に有利であった。

訳注14：リソヴの戦闘で大隊のティーガーはほぼ全滅したが、1日で50-60台のソ連戦車を撃破した。

携行弾数はIS-2の28発に対して、59発と2倍の量を搭載していた。85mm砲を再検討するために、改良型のS-53戦車砲を搭載した試作車イズデリエ244が作られた。だが、この砲の装甲貫通力は要求を満たすものでなかった(訳注15)。

試作車イズデリエ245とイズデリエ248には、新型の100mm戦車砲が搭載された。装甲目標を射撃した際の弾道性能では、新型100mm砲D-10は122mm戦車砲D-25Tをしのいでいた。しかし、砲身の備蓄と砲弾の生産能力が充分だった122mm戦車砲に対して、100mm砲はどちらも不充分という問題があった。この点が決め手になり、100mm砲は戦術上の利点はあるにもかかわらず却下された(訳注16)。

1944年12月、大量のIS-2がタンコグラードから、最初の親衛重戦車旅団を編成するために送り出された。この旅団は65台のIS-2重戦車、3台のSU-76M軽自走砲、19台の装甲輸送車(主にアメリカ製のM3A1スカウトカー)そして3台のBA-64装甲車を装備していた。親衛重戦車旅団の数は少なく、軍や方面軍の予備戦力として突破作戦に使われ、重装備の歩兵や工兵の支援とともに、とくに敵の防衛線への突撃に活用された。

これらの親衛重戦車旅団は、赤軍がドイツの心臓部に突入する1945年1月のオーデル河攻勢準備に間にあった。

IS-2重戦車の生産は、さらに拡大し、各戦車軍団に、21台のIS-2から成る重戦車連隊を割り当てることができるようになった。

新しいデザイン―IS-3
New design―ИС-3

IS-2が良好に生産されている最中、二種類の別の新型重戦車の研究がはじまった。ニコライ・ドゥホフの率いる設計チームは、プロジェクトコード名が「キーロヴェッツ1」という、ティーガーIIの長砲身88mm砲からの射撃に耐えられる重戦車開発を企画した。設計チームの技師のひとりは戦車の被弾について研究をしており、砲塔正面への被弾こそが、戦車破壊の最大の原因であり、ついで、車体前面への被弾であるという結論を導いた。

この研究結果から過激な新しい外観がデザインされた。砲塔は単純な半球状で、美しく造形されながらも装甲の厚い主砲防楯を備えていた。車体の装甲板は強い傾斜角度を付けることによって、正面からの攻撃に対して効果的に耐弾性を増すように考慮されていた。巨大な砲塔に対応するために、上部車体の側面装甲板は、本当は

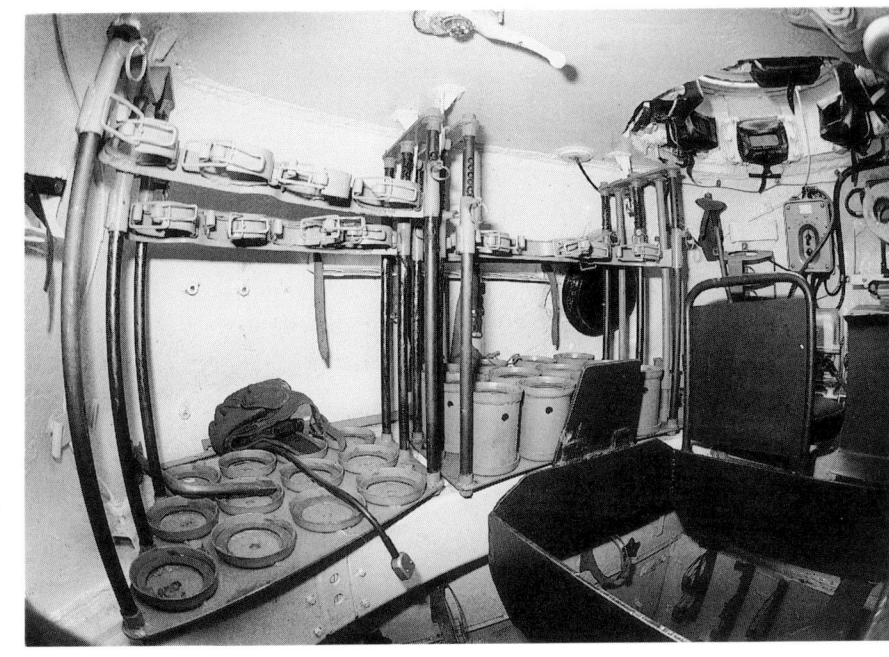

砲塔の後部写真。長いBR-471徹甲弾頭やOF-462 HE弾頭の収納ラックは装填手の直後にあった。長さの短いAPC-T弾頭やHEAT弾頭のために、車長の背後のラックには、底部にスペーサーが備えられていた。

訳注15:試作車イズデリエ244は、実際には、オビーエクト244といい、搭載砲はS-53ではなく、D-5-T-85BMであった。オビーエクト244は別名「IS-3」であったが不採用となったため、その名は避弾経始の極致というべき、オビーエクト703が採用されたときに使われた。その後、オビーエクト244は、IS-6用の大直径転輪のテストベッドとなった。

訳注16:イズデリエ245とイズデリエ248は、オビーエクト245とオビーエクト248である。オビーエクト245の主砲は100mm戦車砲D-10Tであったが、オビーエクト248は100mm戦車砲S-34を搭載していた。オビーエクト245は別名「IS-4」で、オビーエクト248は「IS-5」であった。もちろん、オビーエクト245は、戦後に登場した片側7個転輪のIS-4とは別物である。

IS-3Mは、IS-3を近代化した戦車で、もっともわかりやすい識別点は、車体側面に取り付けられた新型のサイド・スカートである。このエジプトに輸出されたIS-3Mは、1967年の第3次中東戦争の際にシナイでイスラエル軍に捕獲された。IS-3Mは、紛れもなくイスラエル軍部隊が怖れた唯一の戦車であった。その厚い正面装甲を貫通するのは非常に困難だったのだ。

訳注17：車体側面を覆った鋼鈑に工具収納箱が設けられるのは、戦後の生産型から。

IS-2とは対照的に、IS-3では鋳造砲塔の側面が急傾斜していたため車内は非常に狭かった。この写真はIS-3Mの砲手席からの光景で、手動用のハンドルがみえる。砲手用の直接および間接照準機は、この車両では失われている。

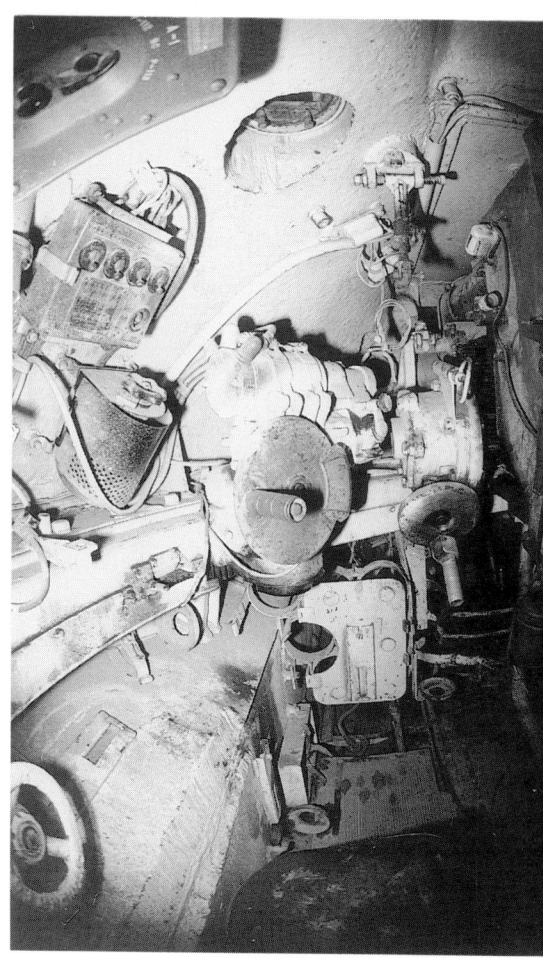

内側に傾斜しているのだが、車体側面に沿って取り付けられた薄い鋼鈑製の工具収納箱によって覆い隠されている(訳注17)。内部構造に関しては、キーロヴェッツ1は実質的にIS-2と同じで、それまでのIS-2のエンジンから慣性始動装置を外しただけの改良型であるV-11-IS-3を使用しており、主砲はまったく同じであった。しかし、IS-2が砲塔後部に弾薬搭載のための大きな張り出しをもっているのとは異なり、キーロヴェッツ1は主砲弾の弾頭を、厚い装甲で守られた砲塔内部の側壁に沿ってぐるりと配置していた。

キーロヴェッツ1の試作車は1944年10月に完成し、IS-3として採用された。IS-3の量産は、IS-2m（IS-2 1944年型）と平行して1945年からチェリャビンスクで始まった。IS-3は量産化を急いだために、機械的故障の多発に悩まされた。その結果、ヨーロッパにおける戦争終結までに、充分な台数のIS-3を用意することはできなかった。

IS-3がベルリン戦に実戦投入されたか否かは、論議の的となっている。この問題についてソ連は公式見解で、数年にわたり、戦闘に参加していたと回答してきた。けれども、最近まで公開されていなかったソ連の戦車設計史の内部資料は、これを否定しており、ソ連の元重戦車設計者もインタビューに対し、IS-3は対独戦には参加していないと述べている。どうやら、IS-3を装備した1個重戦車連隊が、1945年4月にドイツへと急いでいたが、彼らが、戦闘に参加する前に戦争が終わってしまった、というのが真相らしい。また、別の情報によると、IS-3重戦車は1945年8月の日本の帝国陸軍に対する満州侵攻作戦で使用されたとしている。

IS-3が初めて正式に公開されたのは、1945年9月7日のベル

IS-3スターリン戦車が公式の場に初めて姿をみせたのは、1945年9月のベルリンにでの戦勝パレードであった。長いあいだ、IS-3はベルリン戦に実戦参加していると主張されてきたが、最近公表されたロシアの報告書では、これに疑問を呈している。

リンでの戦勝記念パレードの際で、第2親衛戦車軍に配備された52台のIS-3が姿をみせた。そして、なめらかで単純なIS-3の車体と砲塔の形状は、その後の戦車に多大な影響をおよぼした。ソ連国内においては、その形状はT-54Aなど、のちの中戦車に採用され、今日のT-72BやT-80にいたるまでスタンダードとなっていた。西側諸国では、その外観はアメリカのM48やドイツのレオパルド1、フランスのAMX-30のデザインに影響をおよぼした。

しかし、海外に影響をおよぼす戦車であったにもかかわらず、IS-3は戦後のソビエト陸軍においてトラブル続きの生涯であった。量産化をあまりに焦り過ぎたため、多数のIS-3重戦車が構造的な問題を内包していた。車体前面の厚い装甲板の溶接は剥離しやすい(!)傾向があり、原因は主砲射撃の際の衝撃と、荒れた路外地の走行時の振動と推測された。1948年から1952年にかけて、この問題点の改善に努力が費やされた。そして、エンジンマウントの強化、終減速装置の改良、車体自体の増強を含む改修が施された。

チェリャビンスクでのIS-3重戦車の生産は1951年で終了し、このときまでに、およそ1800台が製造された。

IS-4
ИС-4

1944年、IS-3重戦車の開発が進められている一方で、L・S・トロヤノフの率いる設計チームは、コードネーム「オビーエクト701」の名称でIS-2の更なる進化を目指した。数種類のペーパープランが出され、そのうちの3種類のデザインが赤軍機甲総局に提案された。その3種類とは、100mm戦車砲S-34を主砲とする「オビーエクト701-2」、装甲構成の異なる「オビーエクト701-5」、標準型の122mm戦車砲D-25Tを装備した「オビーエクト701-6」であった。このなかから一番最後のオビーエクト701-6が採用され、開発が進められた。

1940年代後期にIS-4は少数が生産され、そのほとんどが朝鮮戦争への参戦を意図して、極東に輸送された。この車両は、目下モスクワ近郊のクビンカ戦車博物館に展示されており、IS-2に似た外観がわかる。この戦車はソ連で量産されたどの戦車よりも重かった。

オビーエクト701-6には装甲の強化、車体の延長、エンジンの出力向上という、3つの大きな変更が施された。装甲は車体で160mm、砲塔で250mmまで増強された。750hpのV-12エンジンは、2個の円形ファンの下部にラジエターがあるという、ドイツのパンター戦車の機関室レイアウトから影響された冷却システムを採用していた。この試作車は採用され、1947年にIS-4重戦車として量産された。

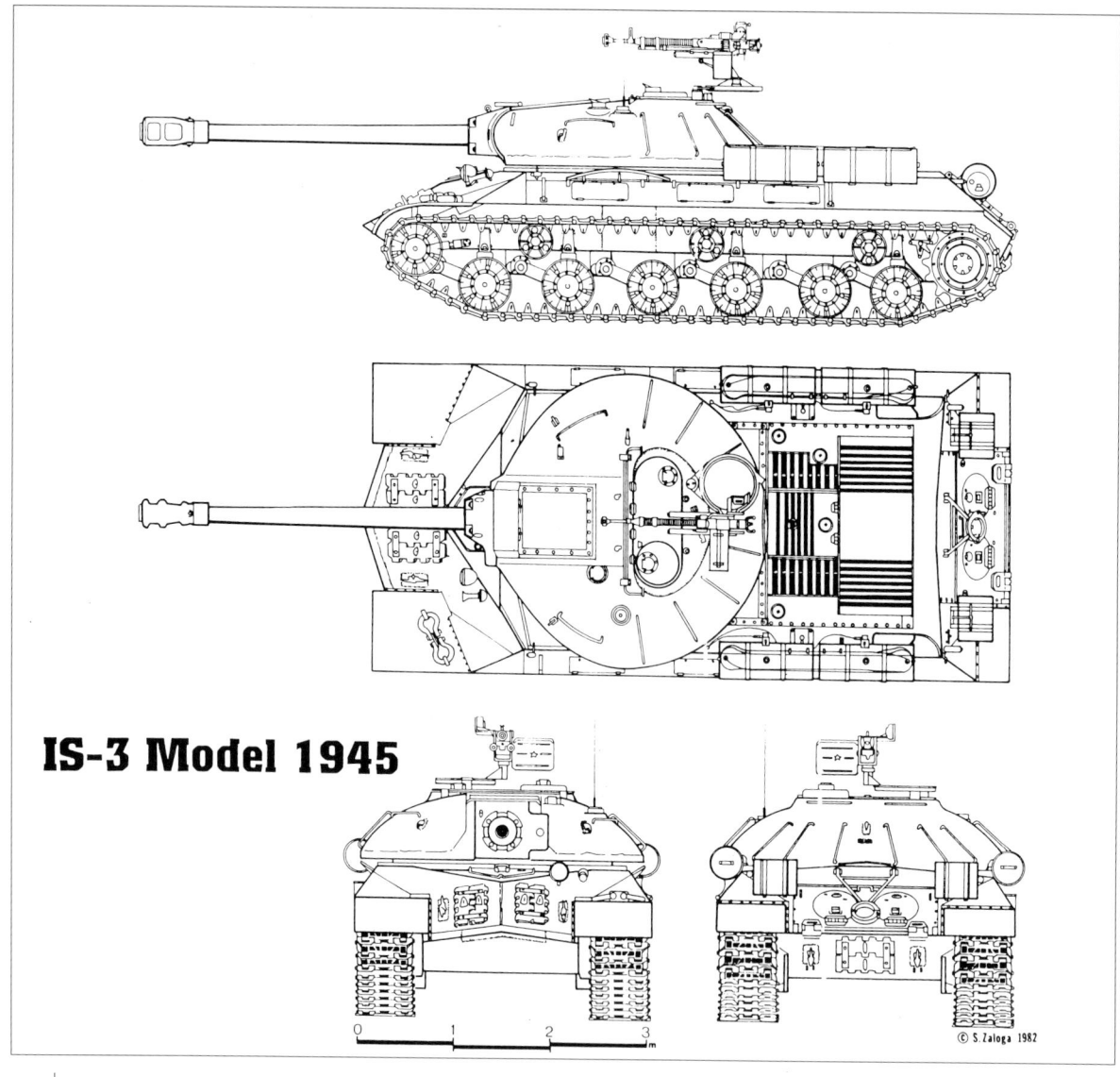

IS-3 1945年型四面図。

　だが、200両ほどを生産したのち、IS-4の生産は中止された。この戦車のスピードと機動性は、要求を満たしていないという批判が多かったからである。

　1950年の夏、朝鮮戦争の勃発後、IS-4を装備する重戦車連隊のほぼすべてが極東に送られた。これらの部隊は朝鮮戦争に参戦すべく、スターリン首相が組織した1個戦車軍の打撃部隊として配備された。しかし、中国から強烈な参戦要求の圧力があったにもかかわらず、結局、スターリンは、朝鮮戦争への不干渉を決意した。核武装をもつアメリカ軍との全面戦争の勃発という結末を恐れたからである。IS-4は極東軍管区に1950年代後半までのこされ、IS-3Mのように、近代化改修が施されて、1960年代まで部隊にあった。

　ソビエト連邦が、1945年に、重量150tという車両を含む数種類の超重戦車を、密かに開発していたという複数の報告書がある。けれども、これらはペーパープランの域を越えなかったのか、あるいは、あまりに高度な機密であるため今日に至るまで誰も語ろうとしないからか、その仕様は一切不明である。噂としては、これらの謎の超重戦車の

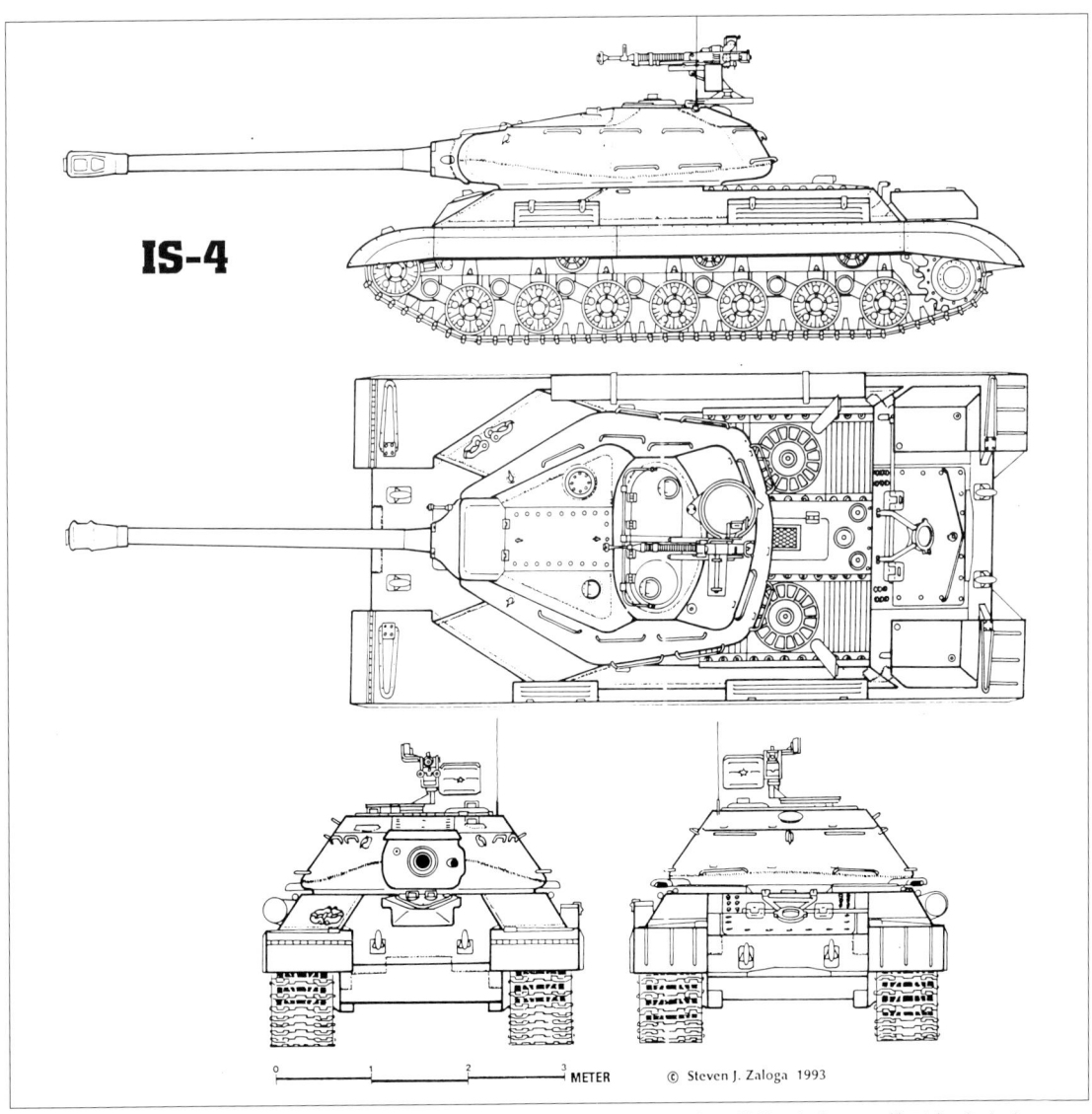

IS-4 四面図。

なかに、フロントエンジン方式で、砲塔を車体後部に搭載した「VL-1 ヴラジーミル・レーニン」があるという。

post war history

第二次大戦後の歴史

　戦後になると、IS-2とIS-3の両車に近代化改修が施された。1954年にIS-2をIS-2Mとする改修作業がはじまり、作業内容には主砲弾の携行数を28発から35発への増加、操縦手用ペリスコープの更新、エンジンをV-54K-ISに換装、エンジンの冷却機構とオイルフロー機構の近代化、新型の通信機とインターコムの採用などを含んでいた。IS-2Mは車体前半部側面に工具類の収納箱を設け、砂塵防止用スカートも取り付け

られて、外観も変化した。

IS-3Mへの改修も1960年からIS-2Mとの並行作業で始まり、車体の強化改修、12.7mm機銃DShKをDShkmへの変更、操縦手用暗視装置TVN-2の追加、V-54K-ISへの換装、エアーフィルターシステム「ムトゥリツィクロン」の設置、その他、多くの小改修が施された。外観では、T-10重戦車に装着されているボールベアリングを改良した転輪が流用され、さらに、車体側面の収納箱は改良され、足廻りの一部を覆うように、砂塵防止用スカートも取り付けられた(訳注18)。

IS-3Mは1956年のハンガリー動乱において、蜂起した民衆の鎮圧に投入された。このとき1個重戦車・突撃砲混成連隊がブダペスト中心部の戦闘に使用され、数台のIS-3M重戦車とISU-152K突撃砲が失われている。

IS-6
ИС-6

戦後すぐに、SKB-2設計局はいくつかの設計チームに分割されて、チェリャビンスク工場や再開されたレニングラードのキーロフスキイ工場にそれぞれ割り当てられ、3個程度の設計チームが存続した。

メインのコーチン設計チームは、オビーエクト253と呼ばれるプロジェクトを進めていた(訳注19)。IS-4の主要部品を流用して開発は進められたが、この車両開発の最大の焦点は電気式トランスミッションの有用性に関する研究であった。理論上の電気式トランスミッションは、エンジンからのパワーを履帯に伝達するのにはるかに有利であり、良好な操向と機動性を約束するとされていた。

この方式に最初に挑戦したのは第一次世界大戦時のフランスのサン・シャモン戦車で、その後、第二次世界大戦ではアメリカがT-23中戦車でこの方式を試験し、ドイツで、同様のシステムをエレファント駆逐戦車に搭載し、実戦投入もした［編注：Sd.Kfz.184エレファントは当初突撃砲として開発され、「フェアディナンド」と名付けられた。1943年6月のツィタデレ作戦に投入され、クルスクでの戦闘に生き残った車両は、のちに改修を受けて戦車駆逐車に区分され「エレファント」と改称されている］。

クルスク戦で数台のフェアディナント駆逐戦車が捕獲され、クビンカ試験場の装甲車両調査試験所（НИИБТ/NIIBT）にて電気式トランスミッションについて、かなりの研究調査が行われていたので、コーチン設計チームがドイツの電気式トランスミッションを熟知していたのは疑いの余地はない。彼の設計局では、戦争中、予備のIS-1のシャシーを流用してIS-1Eと呼ばれる電気式トランスミッションの実験車も造られていた。

オビーエクト253のための新型トランスミッションは、385kwの発電機DK-305Aを基本に開発された。オビーエクト253はIS-6と改称されたが、量産するのに充分な信頼性がないとされた。この戦車の最初の試験の日、試作車は爆発し、はげしい爆発炎は、30mほど離れた格納庫まで達しかねないほどだった。事故原因の究明の結果、この電気式トランスミッションにはより充実した冷却

訳注18：転輪はIS-3Mのみならず、IS-2Mにも装着されている。デザインそのものは大戦中の転輪と酷似しているが、直径が少し大きくなっている。

訳注19：原書ではオビーエクト703となっているが、これはIS-3の試作番号であるので訂正した。IS-6には機械式トランスミッションを搭載した「オビーエクト252」と、電気式トランスミッションの「オビーエクト253」の2種類があった。

上●IS-6は、重戦車用の電気式トランスミッションの開発に失敗した試作車であった。この計画に失敗したため、その後、機械式トランスミッションが1両の試作車でテストされている。

下●ソ連で試作された戦車のなかで、一番大きく重いのが、IS-7である。この戦車は130mm砲を装備しており、その車重にもかかわらず、強力な海軍用ディーゼルエンジンのおかげで機動性は良好であった。

訳注20：実際には、7.62mm機銃は同軸の2挺のほかに車体左右、砲塔左右に1挺ずつ装備された。

機構が必要であることが判明した。充分な能力を備えた冷却ファンの追加は容認しがたい重量増加を招き、エンジン出力を損じた。IS-6の再起処置として、IS-4用の機械式トランスミッションを電気式トランスミッションの代わりに搭載した試作車が「オビーエクト252」として造られた。しかし、これではIS-6の存続意義そのものがなくなってしまい、結局、このプロジェクトは中止させられた。

IS-7
ИС-7

一方、ニコラーイ・シャシムリンの設計チームは、これまでに存在したいかなるソ連重戦車の流れをも汲まない、まったく新しいIS-7と呼ばれる戦車の設計を開始した。この戦車は、ドイツのティーガーII重戦車の装甲と火力に対抗することをもくろんでいた。

シャシムリンにとって有利だったのは、レニングラードに戻ったおかげで、市内にあったソ連海軍の研究所によって開発された数種類の機関を試験できたことである。このなかには、重戦車が必要とする出力である1050hpの船舶用ディーゼルエンジンと、海軍砲56-SMから派生した130mm砲も含まれていた。この砲は36.5kgもの弾頭を初速945m/sで撃ち出せた。これは、その当時のソ連戦車が搭載した砲のなかで、もっとも強大な火器であった。同軸機銃には強力な14.5mmKPVT重機銃を装備し、そのほかに6挺もの7.62mm機銃を搭載していた。このうち2挺は防楯に同軸機銃として、もう2挺は車体の右側に、残りは、砲塔の左側に設けられた小型の装甲マウントに装備された。さらにもう1挺の14.5mmKPVT重機銃が、対空用として砲塔上面のリモコンマウントに装備された（訳注20）。

厚い装甲をもつIS-7はソ連製戦車のなかでもっとも重く、重量は68tであった。これだけの重量にもかかわらず、パワフルなエンジンのおかげで、IS-7はそれまでのどのソ連重戦車よりも路上最高速度が速かった。

IS-7の最初の試作車は1948年に性能調査を受けた。乗員たちにとって不幸なことに、ソ連戦車のつねで、IS-7の車内はとても狭かった。砲弾は非常に重く、おまけに砲弾の収納ラックが装填作業に困難な位置に設けられていた。機銃の装備数は、多すぎるうえに、機銃弾の収納トレーは、戦闘中には、再装填が不可能な位置に設けられていた。足廻りでは、転輪がドイツのティーガーIIを模して緩衝材を内蔵していた。だが不幸にも、緩衝材は、すぐに擦り減ってしまい、戦車が最高速度の近くで行動しているときは、事故を多発した。

ソ連の機甲総局はふたつの理由から、この戦車の重量についてとても不適切であ

IS-7 左側面図。

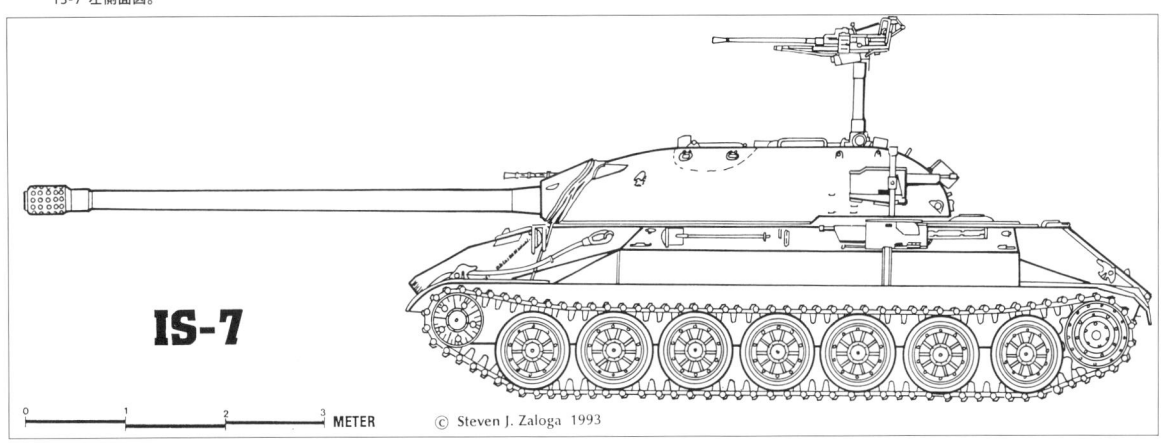

上●IS-7の試作車はまだクビンカ戦車博物館に展示されている。IS-7の奇妙な特徴のひとつとして、砲塔の後部と車体の側面の箱に、遠隔操作可能な7.62mm機銃を搭載していた。

上右●IS-8は基本的にIS-3の発展型であった。性能のよい冷却機構を装備した改良型エンジンを搭載したため車体は延長された。戦闘面でみると、最大の武器は厚い装甲である。クビンカ戦車博物館のIS-8では、この戦車の識別特徴である、単純ゆえに、信頼性の高い砲手用の直接照準機をみることができる。

ると考えていた。まず、過大な重量では限定された道路や鉄道網しか利用できず、また、重量に耐えられる橋も少ないので、用兵が困難になること。さらに、重い車重は購入価格と通常の整備のどちらにおいても、潜在的に高コストとなってしまうこと。

最終的に、IS-7は少数が試験車両として製造されただけであった。IS-7はソ連の作ったもっとも重い戦車としてその名をのこした。いくつかの点でこの戦車は時代の先駆者であった。IS-7の火力と装甲の水準は、アメリカのM60A1やイギリスのチーフテンなどの1960年代のNATOの戦車と近かった。一方で主砲と火器管制装置は、1940年代の技術の束縛に留まったままであった。この主砲と火器管制装置の限界は、のちの戦車砲の精度からすれば、認め難いものであった。

IS-8
ИС-8

1940年代の試作重戦車群は、ソ連陸軍に何を重戦車の仕様として求めるべきかを、より明確化させた。最終的に重量とコストの束縛があったことから、IS-3の仕様をアップデートすることが、彼等の要求を満たすとの結論に行き着いた。この結果、1948年にIS-8の開発が開始された。

IS-8はその構成品の多くを、試作重戦車群から流用した。たとえば、砲塔の電動旋回装置と主砲の俯仰装置は、ショート・トーションバー・サスペンションのように、IS-7から流用された。V-12-5エンジンは、IS-7とIS-6に搭載されたものと同系列で、履帯もIS-4からの流用であった。主砲のD-25TAは、IS-2やIS-3に用いられた砲の改良型であった。また、既存のBR-417Bよりも装甲貫通力がすぐれている新型のBR-472被帽付徹甲弾も導入された。砲塔はIS-3に似ているが、基本装甲の厚さは200mmまで増強された。エンジンの冷却も、排気ガスの力を使ってラジエーターに冷却空気流を吹き掛けるように改良された。この改良型のエンジン冷却システムを搭載したために車体は延長され、IS-4同様に転輪1組が追加され、重量も増加した。

IS-8の生産は1950年末、もしくは1951年初頭にチェリャビンスクで始まった。なお、オムスクの戦車工場でも、IS-8の生産が行われた可能性がある、とする複数の報告もある。

T-10
T-10

スターリン死後の1953年、スターリン批判の影響からIS-8はT-10へと改称された。1950年代の前半、T-10の生産ペースは増加していき、追加改修が施された。

派生型であるT-10Aは新型の戦車砲D-25TSを装備していた。この砲には垂直方向の安定装置が組み込まれており、砲身にエバキュレーターを装着していた。ソ連重戦車にとっての大問題のひとつが、砲弾の重さであった。これを解決すべく、T-10Aは単純な突き棒を備えた。砲手は弾頭と薬筒を専用のトレーに載せると、突き棒で閉鎖機に押し込むのである。T-10Aはそれまでの TSh-2-27 照準器を、新型のTPS-1間接照準器とTUP直接照準器に更新した。そのほかの改修点としてはTVN-1暗視装置が砲手用に設けられ、GPK-48ジャイロコンパスも搭載した。

　1950年代中期になると後継車のT-10Bが登場した。この型では水平垂直両方向の安定装置が主砲に組み込まれ、新しいT2S-29火器管制照準器が追加装備されたが、外観的にはT-10Aと大きな変化はなかった。

　シリーズの最終型であるT-10Mは1957年に導入された。もっとも重要な変更点は、主砲がより長砲身のM-62-TSとなったことで、この砲は初期のD-25よりも装甲貫通力にすぐれ、通常の徹甲弾を使用して1000mの距離から185mmの鋼鈑を撃ち抜いた（D-25は、同距離で160mm）。さらに、HEAT弾（成型炸薬弾）であるBP-460Aを用いれ

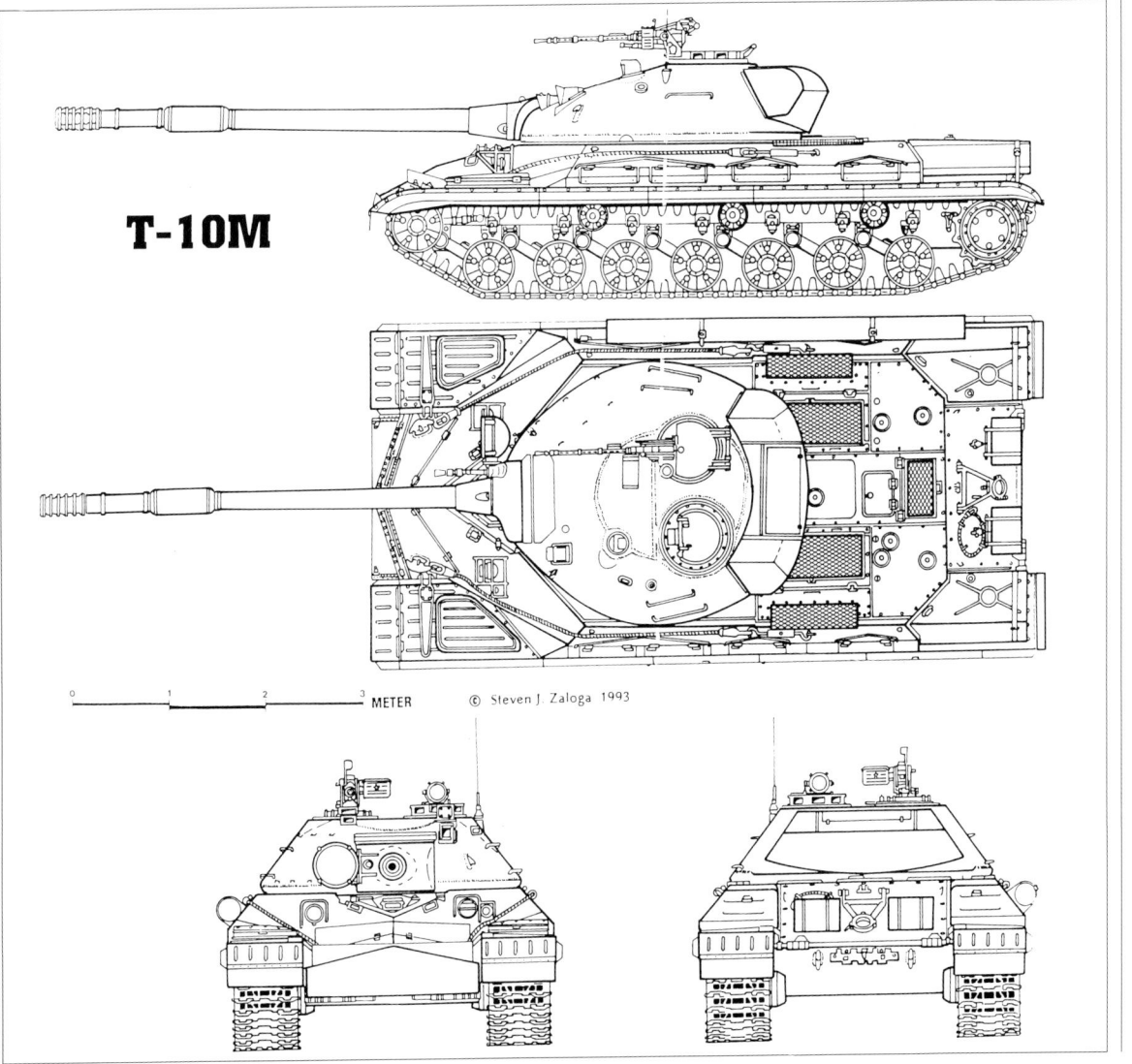

T-10M四面図。

ば、約300mmの装甲を貫通できた。

主砲のM-62-TSはリヴェン垂直水平両方向安定装置を備えており、多孔式マズルブレーキを装着しているので、外観からの識別は容易である。T-10Mでは、主砲同軸機銃と対空機銃の両方を、12.7mm機銃DShKから、14.5mm機銃KPVTに換装している。14.5mm機銃KPVTは、主砲のM-62-TSにより近づいて搭載されたため、補助測距用のスポッティングライフルとしても使用できた。エンジンは750hpに出力向上したV-12-6を装備していた。

T-10Mの生産が終了した1962年までに、全バリエーション合計で約8000台のT-10が製造された。これはスターリン重戦車系列のなかで、最多の生産台数である。

戦後のソ連重戦車部隊
Post-war Soviet heavy tank organisation

戦後、ソ連重戦車部隊は何度かの再編成を経験した。1947年の機甲部隊の再編成の際に、戦車師団と機械化師団にそれぞれ1個づつの混成連隊が配備された。アメリカ陸軍では、この混成連隊を「重戦車/突撃砲連隊」と呼んでいるが、ロシアでの正式な名称は不明である。混成連隊は44両から46両の重戦車と、21両のISU-122もしくはISU-152突撃砲で編成されていた。この連隊は、師団の火力強化、とくに突破作戦での使用を意図して配備された。

T-10の生産が最高潮となったとき、ソ連陸軍は試験的に複数の重戦車師団の編成を始めた。これらの重戦車師団は、通常の戦車師団と同じ組織内容で編成されていたが、通常の戦車師団が3個の中戦車連隊から成るのに対して、重戦車師団は2個の重戦車連隊と1個の中戦車連隊で構成されていた。

3個重戦車師団のうちの2個師団の、第13および第25親衛重戦車師団は、1950年代から1960年代にかけて東ドイツ駐留ソ連軍の傘下に配備された。これら以外に、さらに2個もしくは3個の重戦車師団が存在したと信じられており、そのなかの1個師団は極東に配備されていた。重戦車師団は戦車軍の打撃戦力として、攻勢時に行動することを意図されていたのだ。

1958年から1959年の再編成で、混成連隊であった重戦車/突撃砲連隊は、戦車だけの重戦車連隊へと変わった。これらで、100台のIS-3MもしくはT-10重戦車を装備する戦闘集団を形成した。なお、1960年代初頭、T-10重戦車は改良型トランスミッションに更新するため工場に送られた。新型のトランスミッションと主クラッチは前進6速で、全車がこの交換作業を受けている。

戦後の対抗手
Post-war adversaries

IS-3とT-10重戦車の厚い装甲は、アメリカ軍とイギリス軍にとって相当な驚きであった。この驚きは、両軍に対抗

T-10Mは1970年代に退役し、そのコンポーネントはほかの用途に転用された。この写真のT-10Mの砲塔は装甲列車の武装として使用された。中国国境に沿って埋設されたT-10を防御トーチカとして据え付けるのが、もっとも一般的な用途だった。

カラー・イラスト
解説は47頁

図版A：IS-2 1944年型 第104戦車連隊
第7親衛ノヴゴロドスキイ戦車旅団 ベルリン 1945年5月

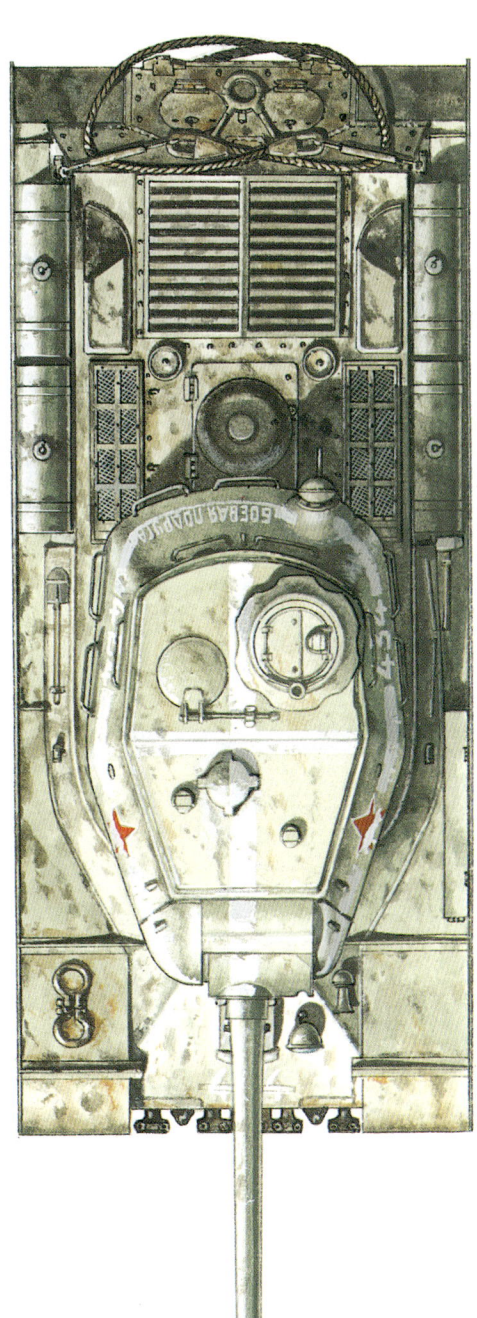

第7親衛戦車旅団のマーク。赤い星の上に白い北極熊

БОЯВАЯ ПОДРУГА

砲塔後部のロシア文字。意味は「戦友」

A

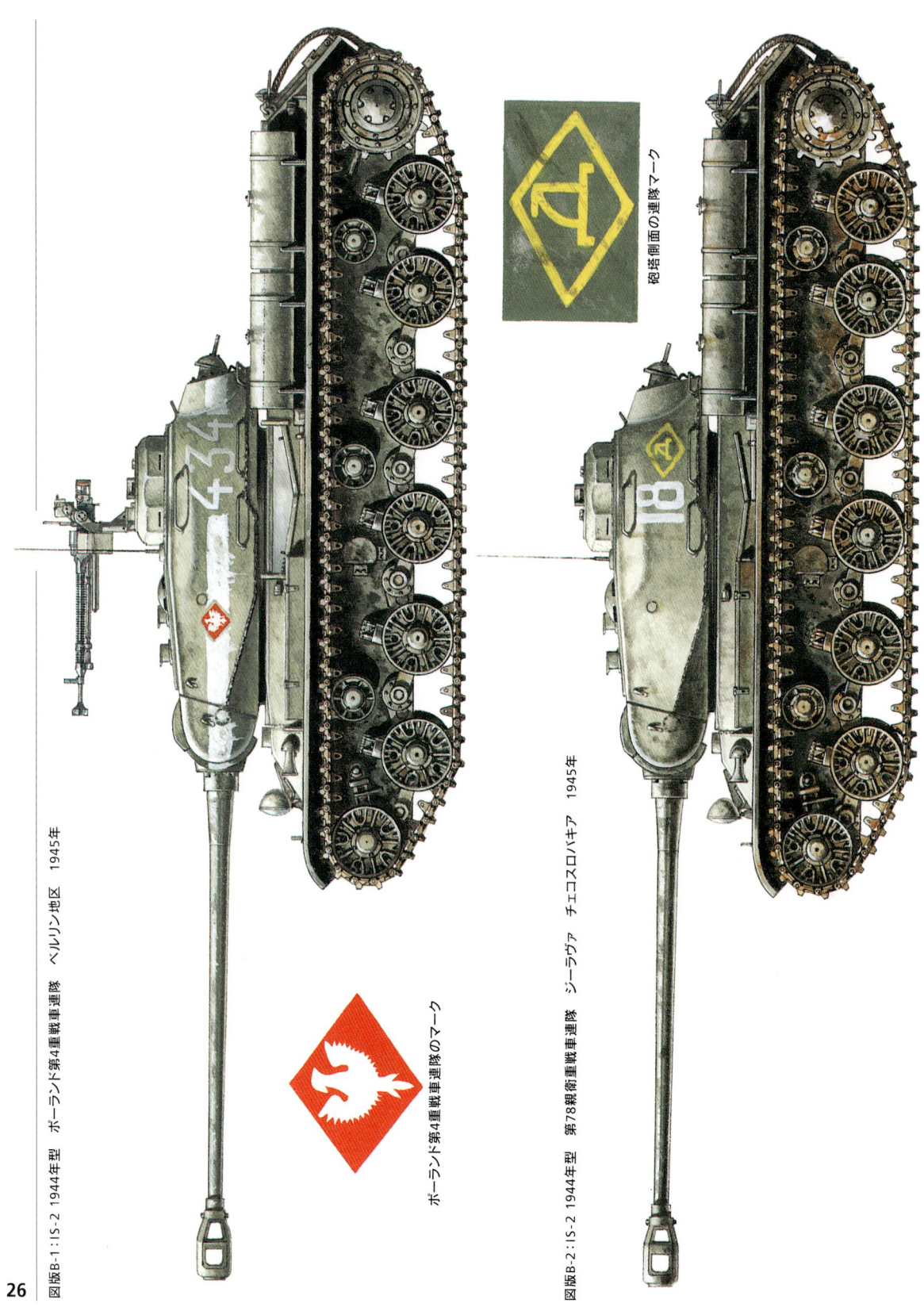

図版B-1：IS-2 1944年型 ポーランド第4重戦車連隊 ベルリン地区 1945年

ポーランド第4重戦車連隊のマーク

図版B-2：IS-2 1944年型 第78親衛重戦車連隊 ジーラヴァ チェコスロバキア 1945年

砲塔側面の連隊マーク

B

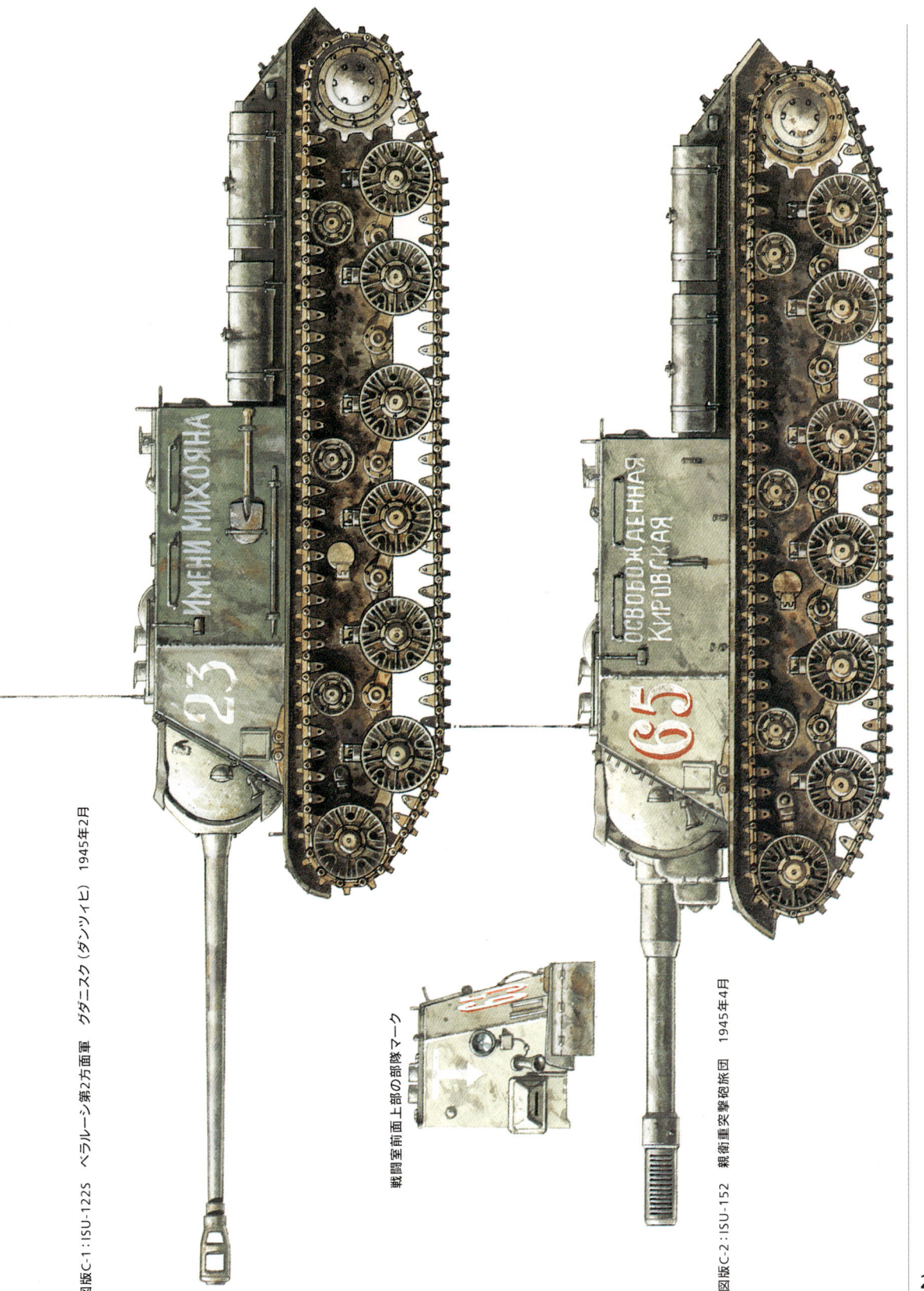

図版C-1：ISU-122S ベラルーシ第2方面軍 グダニスク（ダンツィヒ） 1945年2月

戦闘室前面上部の部隊マーク

図版C-2：ISU-152 親衛重突撃砲旅団 1945年4月

図版D:
IS-2 1944年型 第95親衛独立重戦車連隊
ベルリン 1945年

各部名称
1. DT 7.62mm機銃用予備ドラム弾倉
2. PT-4-17砲手用ペリスコープ兼間接照準器
3. 10-T-17砲手用直接照準器
4. D-25T用駐退機
5. 7.62mm同軸機銃
6. ラジエーターグリル
7. 牽引用ワイヤーロープ
8. 投棄式200リットル燃料ドラム缶
9. 122mm戦車砲D-25T 1943年型
10. 75リットル車外予備燃料タンク
11. 砲塔への配線導管
12. 車載工具(ノコギリ)
13. ブラックアウト・ライト
14. 床面弾薬収納箱
15. 装塡手席
16. DT 7.62mm機銃用予備ドラム弾倉
17. 工具収納箱
18. 122mm弾用推進薬ケース
19. ホーン
20. 車体前部燃料タンク
21. 操縦手席
22. 予備履帯
23. エンジン始動用圧縮空気ボンベ
24. 計器板
25. 牽引用シャックル
26. クラッチとブレーキレバー
27. 計器板
28. 床面弾薬収納箱
29. OF-471N 122mm弾頭(HEF弾)
30. D-25T 122mm砲閉鎖機
31. BR-471B 122mm弾頭(APT弾)
32. DT 近接防衛用7.62mm機銃
33. 車長席
34. 砲手席
35. 10RK車載通信機
36. 車長用キューポラ
37. DShK機銃用弾薬箱
38. 12.7mm機銃DShK 1938年型

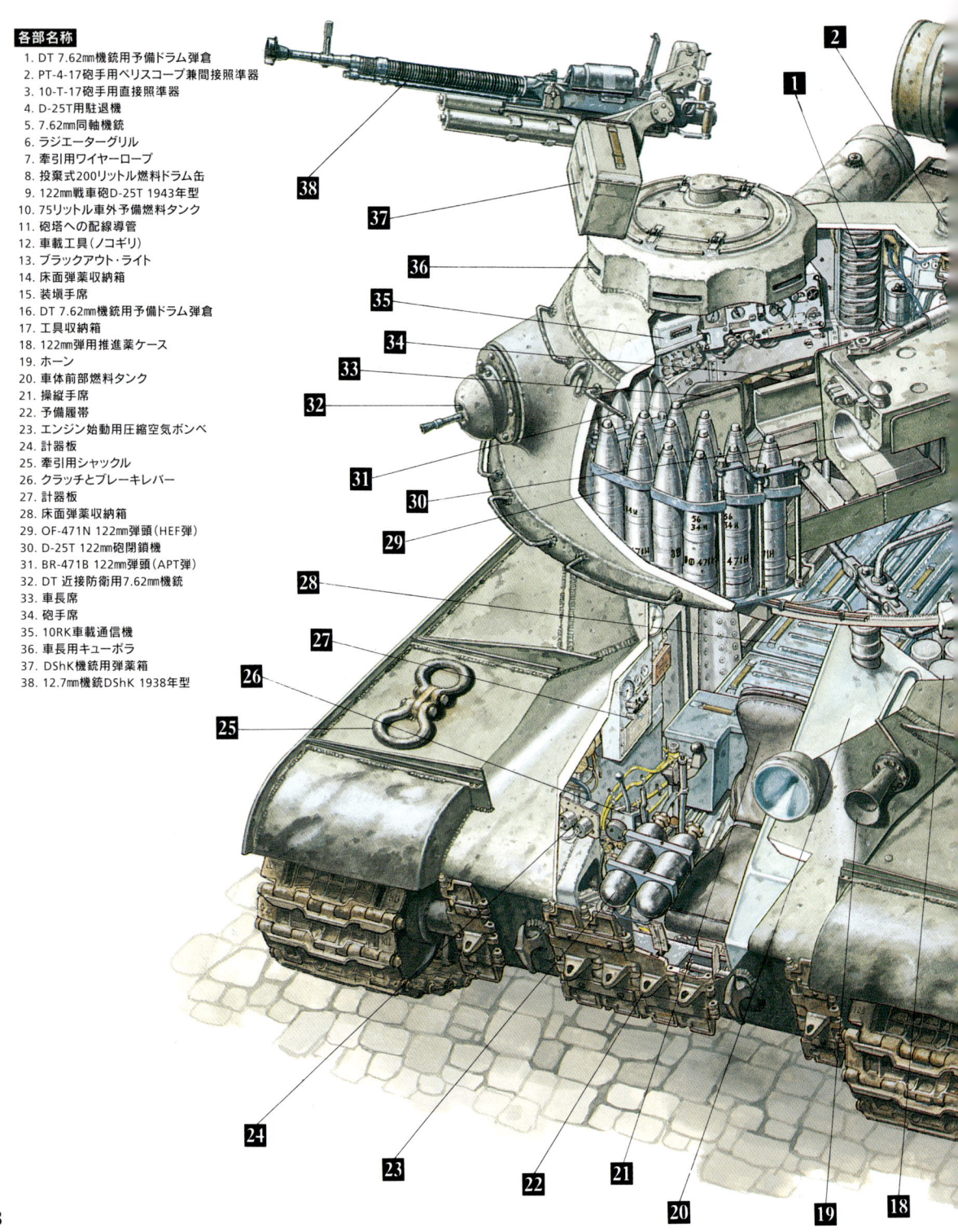

D

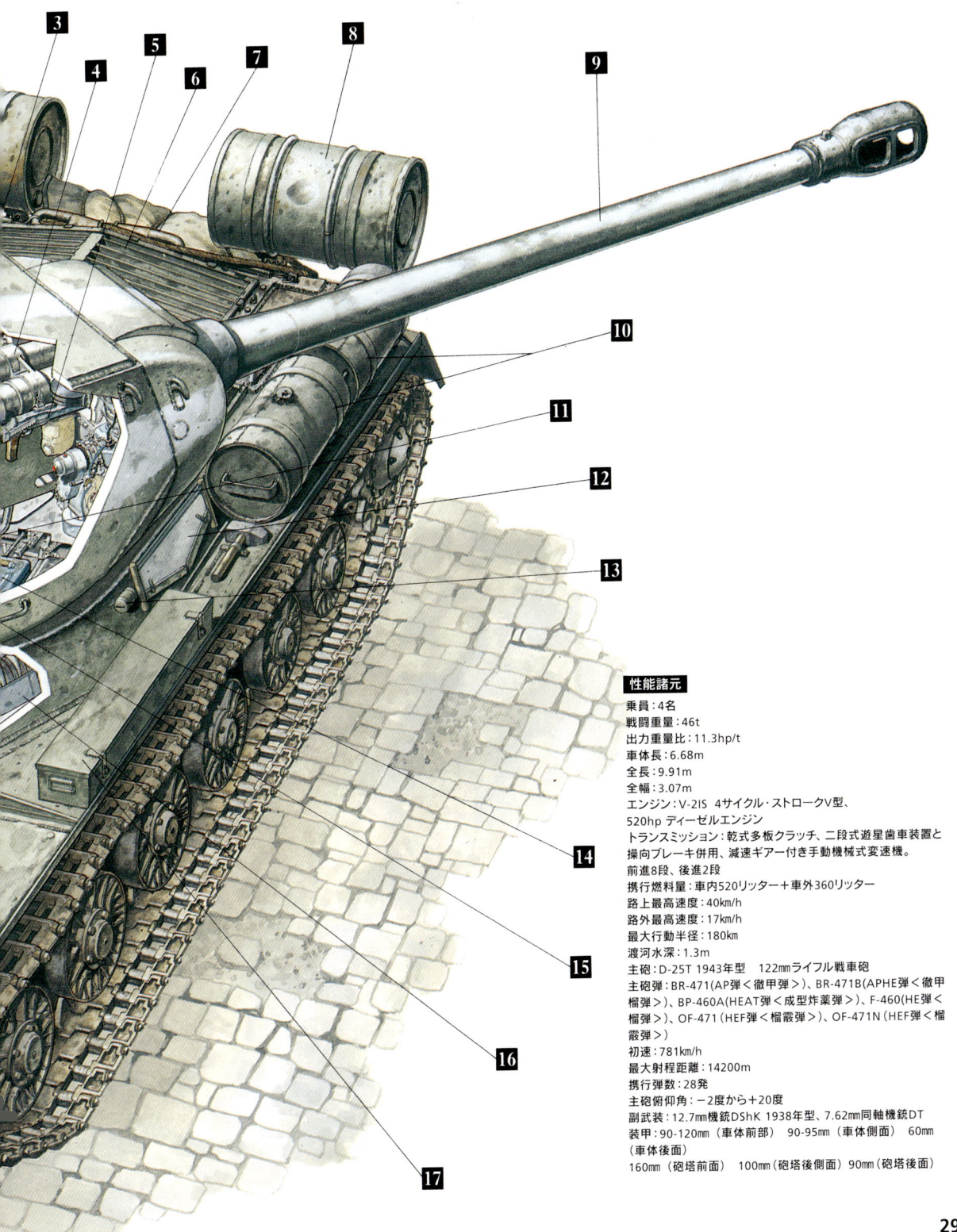

性能諸元

乗員：4名
戦闘重量：46t
出力重量比：11.3hp/t
車体長：6.68m
全長：9.91m
全幅：3.07m
エンジン：V-2IS 4サイクル・ストロークV型、520hp ディーゼルエンジン
トランスミッション：乾式多板クラッチ、二段式遊星歯車装置と操向ブレーキ併用、減速ギアー付き手動機械式変速機。
前進8段、後進2段
携行燃料量：車内520リッター＋車外360リッター
路上最高速度：40km/h
路外最高速度：17km/h
最大行動半径：180km
渡河水深：1.3m
主砲：D-25T 1943年型 122mmライフル戦車砲
主砲弾：BR-471(AP弾＜徹甲弾＞)、BR-471B(APHE弾＜徹甲榴弾＞)、BP-460A(HEAT弾＜成型炸薬弾＞)、F-460(HE弾＜榴弾＞)、OF-471(HEF弾＜榴霰弾＞)、OF-471N(HEF弾＜榴霰弾＞)
初速：781km/h
最大射程距離：14200m
携行弾数：28発
主砲俯仰角：−2度から＋20度
副武装：12.7mm機銃DShK 1938年型、7.62mm同軸機銃DT
装甲：90-120mm(車体前部) 90-95mm(車体側面) 60mm(車体後面)
160mm(砲塔前面) 100mm(砲塔後側面) 90mm(砲塔後面)

図版E：T-10M 親衛重戦車自走砲連隊 ダニューブ作戦 プラハ チェコスロバキア 1968年

砲塔側面のマーク

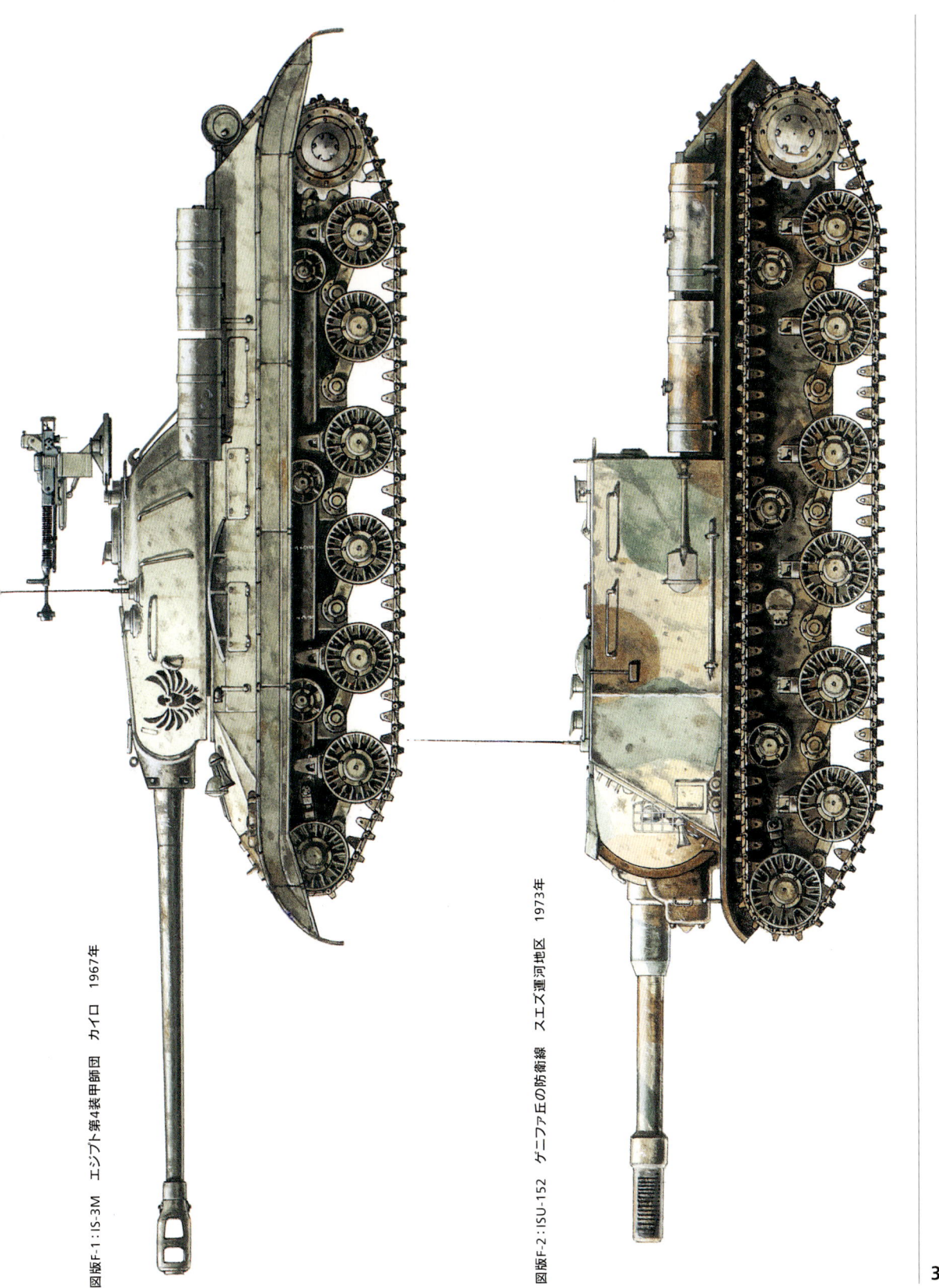

図版F-1：IS-3M　エジプト第4装甲師団　カイロ　1967年

図版F-2：ISU-152　ケニファ丘の防衛線　スエズ運河地区　1973年

図版G：IS-3　沿岸防衛部隊　北方領土　1992年

G

T-10の主な変更点のひとつに、V-12-5を収納した機関室の改修がある。T-10Mでは、このエンジンの改良型である出力750hpのV-12-6Bを搭載している。

T-10Mのもっとも顕著な特徴は、多孔式マズルブレーキを装着した新型の122mm戦車砲M-62である。T-10Mでは赤外線暗視装置が全車に装備され、T-10シリーズのなかでもっとも進化した型となった。

策となる戦車の開発を促した。イギリスの回答は、1956年に部隊配備されたコンクァラーで、アメリカは1958年に部隊配備を始めたM103であった。両車は、相当の装甲貫通力がある長砲身の120mm砲を装備していた。M103は徹甲弾を使用した場合、1000(約914m)ヤードの距離から傾斜角度30°の221mm装甲鋼板を、2000ヤード(約1830m)では196mmの装甲鋼板を貫通可能であった。さらにHEAT弾を使用した場合では、2000ヤードの距離から330mmもの装甲を貫通できた。

コンクァラー、M103ともにソ連の対抗手であるT-10よりも重く、コンクァラーは65t、M103は62tであった。

1950年代後半から、北大西洋条約機構(NATO)はワルシャワ条約国機構と対峙し、戦術上の構図は、1944年のドイツとソ連の戦闘に似てなくもなかった。この時代のNATOの戦車、たとえばアメリカ軍のM48などが、1000mの距離でT-10と正面から交戦するのは、1944年にパンターがIS-2と戦闘するよりも苦戦を強いられた。新型のHEAT弾を使用しても、M48の90mm砲ではT-10の装甲のもっとも厚い箇所を貫通することはできず、側面を狙ったときのみ貫通できた。一方、T-10の122mm砲は1000mの距離であれば、ほとんどのNATOの中戦車を撃破できたのである。

だが、コンクァラーやM103のようなNATO重戦車とT-10の戦闘では、NATO重戦車は、わずかながら有利であった。コンクァラーやM103は、精巧な上下像合致式レンジ

ファインダーを装備していた。これは、訓練された乗員が操作すれば、非常に正確な長距離の測距ができた。T-10の装備するスタジアメトリック目盛式測距器では、1000mを大きく越える距離での正確な測距は難しかった(訳注21)。

M103のHEAT弾は、距離に関係なくT-10の正面装甲を貫通することができた。ソ連は、NATOの戦車にみられるような精巧な火器管制装置を重戦車に導入することは、まったくなかった。彼らがこの類の管制装置を導入するのは、次世代の主力戦車T-64からであった。

1960年代になるとT-10の装甲の優位さは崩れた。M60A1やチーフテンなどの新しいNATOの主力戦車はT-10と同等の装甲を備えている上に、主砲の105mmと120mmはT-10の正面装甲を標準的な戦闘距離で貫通することができた。

その後の重戦車開発
Later heavy tank designs

T-10が量産化された最後のソ連重戦車ではあったが、重戦車の開発は継続されていた。IS-8の部隊配備後も、重戦車の開発を継続することは決定していた。1955年、将来、IS-8と交代する重戦車となるべく、オビーエクト277と279の二種類の試作車の試験がはじまった。主な特徴は、どちらも不運なIS-7重戦車のために開発された130mm砲の改良型を主砲とし、長距離でも正確な測距のできる光学レンジファインダーを装備したことである。新型砲塔は装填手のために装填補助機構を内蔵しており、赤外線暗視装置も装備していた。

両方の戦車の砲塔は、とてもよく似た形状であった。しかし、車体はまったく異なっていた。オビーエクト277はT-10のシャシーを改良した車体を用いていたが、車体は延長され、転輪が1組増えていた。

一方、オーソドックスなオビーエクト277とは対照的な、L・S・トロヤノフをリーダーとする設計チームのはるかに過激なアプローチが論議を呼んだ。

トロヤノフのオビーエクト279は、核戦争下の戦闘を意図していた。1953年より、ソ連陸軍は、数回にわたって核実験へ参加し、爆心地に数種類のデザインの戦車を置いた。1954年9月、選別された部隊が参加した特殊な核爆弾のテストが、トツコイエ地区で行われた。このテストの結果、爆心地の近くにいる戦車は爆発後の衝撃波によって、しばしば転覆や横転することが判明した。ただ、転覆しても戦車の機能はそのままであったため、戦術核兵器の爆心の近くでも、運用できる戦車が要求された。トロヤノフはこの要求に応えるべく、戦車の履帯の接地面を増し、重心点を低くした。さらに、車体は空気力学に基づく形状とした。これは爆発時の強風を効果的に逃がすことで、それにともなう衝撃波を避け、車内の乗員の放射線被爆を減らすためであった。

オビーエクト279は、爆風による転覆を予防するため、シャシーを沈めて(最低地上高を低くして)、地表に近づけるために油気圧式サスペンションを採用していた。

オビーエクト279の試作車は1957年に完成した。それは、一目みたら忘れられない外観であった。サスペンションは4組の走行装置で構成されていた。片側2組の走行装置は、主燃料タンクとしても用いられている中央のコア部に取り付けられている。車体は上からみると楕円形で、側面には急な傾斜がつけられていた。車体の輪郭部にはたくさんのデッドスペースがあるが、対放射線物質の挿入に用いられた。1000hpの12気筒ディーゼルエンジンは、重さ60tの戦車に素晴らしい機動性を与え、50km/h以上のスピードを出す能力があった。オビーエクト279の砲塔と武装は、実質的にはオビーエクト277のものと同じであった。130mm砲を搭載した大型の砲塔はそれまでの流れをくん

訳注21:スタジアメトリック目盛式測距器は、相手戦車の車高をあらかじめ設定しておき、ファインダー内に刻まれた目盛に目標戦車の像を当てるだけで、相手までの距離が計れるという単純な測距器。これでの精密な測距は難しいが、操作が単純なため習熟が容易で、コストが安いという利点がある。

右頁上● 奇妙なオビーエクト279の後部。車体側面の外装パネルはヒンジ止めされており、下に折り曲げたり、鉄道輸送の際には取り外すこともできた。車体後部には予備の外装式燃料タンクが2個装備されている。

右頁中左● 疑う余地もなく、もっとも異様なソ連重戦車は写真のオビーエクト279である。この戦車は戦術核兵器の爆心地付近で、生き残るために、4本の履帯を備えた非常に奇妙な車体を用いていた。その構造はあまりに複雑過ぎて量産するには高価であった。

右頁中右●T-10シリーズの究極の進化型がオビーエクト277である。この戦車は、新型の鋳造車体、130mm砲を搭載した大型化された砲塔、そして延長されたシャシーなどを用いていた。この戦車は、フルシチョフが重戦車のコンセプトを心良く思っていなかったため、量産化されなかった。

右頁下● オビーエクト279左側面図。

訳注22：オビーエクト277と279のあいだには、オビーエクト278があり、ガスタービンエンジンを搭載した試作車であった。

で3人用で、上下像合致式レンジファインダーを装備していた。試作車の審査は、見た目の新しさから合格した。しかし、生産をするにあたり、戦車の車体構造があまりに高価なため、部隊配備されることはなかった(訳注22)。

　ソ連で最後に開発された重戦車は、新しい設計チームによって作られた。設計チームの代表者は、チェリャビンスクの無名の若手設計技師であるパヴェル・イサコフであった。試作車はオビーエクト770と呼ばれており、1950年代の重装甲と重火力と、よりコンパクトで軽量化な車体の融合を試みていた。試作車は1957年に完成し、性能審査に送られた。この戦車は幅広く好感をもたれて、審査に合格したにもかかわらず、モスクワでの政治的新展開のおかげで出発の時点で将来の運命を絶たれた。

　1950年代中期、ニキータ・フルシチョフはスターリンの後継者となった。フルシチョフは、軍事費の膨張と停滞する経済という、1980年代のゴルバチョフと同じく、数々の問題に直面していた。フルシチョフは、関連し合っている両方の問題解決を決意した。軍の人員と装備は、大幅な削減を計画された。ソ連は通常兵力を減らして、戦略核ミサイルにより重点を置くとして、その防衛戦略のコンセプトを変えた。とくに重戦車などは、フルシチョフからみれば「古くさい思考」の証人であった。1960年、彼は重戦車の生産を終了させるよう命令した。

　実際には、フルシチョフの終了命令は、それまでの彼の発言ほど無分別ではなかった。ソ連の重戦車、すくなくともT-10系列に関しては、進化の可能性が終わりに近づいていた。その主砲は、第二次世界大戦の基準からすれば、見事なものであった

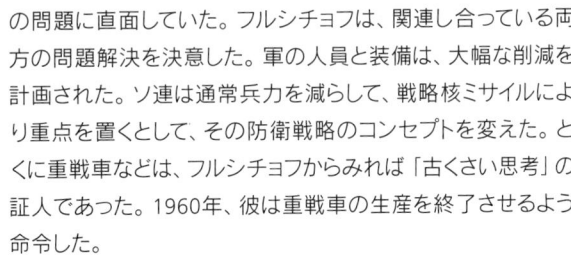

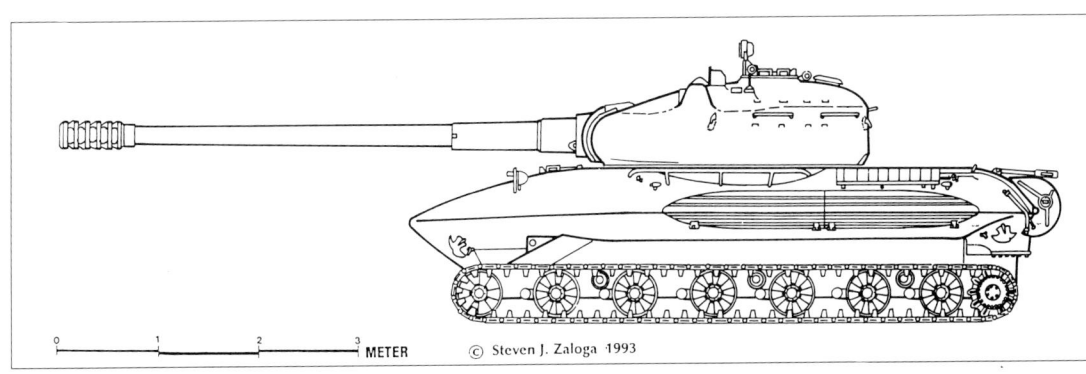

が、1950年代後半に、ペルムのペトロフ設計局では、それを凌ぐ性能の滑腔砲（訳注23）の開発を中戦車用に進めていた。この新型砲は重量35tの中戦車のシャシーに搭載できた。

ハリコフのモロゾフ設計局では、まさにこの戦車、1965年にT-64として出現するオビーエクト430の開発を進めていた。これらの次世代の新型戦車は、標準戦車という肩書きで呼ばれた。そのコンセプトの第一号は、1942年のKV-13汎用戦車であった。

一台で、中戦車と重戦車の両方の役割をこなせる戦車に、中・重戦車は代替された。改革者は、長距離の火力支援は（重戦車ではなく）新しいミサイル武装の戦車駆逐車両に任せればよいと主張した。

重戦車は、ソ連陸軍からすぐには姿を消さなかった。重戦車師団は、師団のなかの2個重戦車連隊のうちの1個を中戦車に変更しながらも、1969年まで実戦部隊に残った。

最終的に、1970年に重戦車師団は消滅し、独立重戦車連隊も、逐次、解隊された。しかし、それよりのちの1978年、まだ約2300台の重戦車が主に極東で部隊に残っていた。ほとんどの重戦車は溶鉱炉に投げ込まれたのではなく、単に非現役の予備装備に回されたに過ぎない。

最良のソ連重戦車はイサコフ技師が開発したオビーエクト770であると、広く認識されている。この戦車の大きさと重量は、アメリカ陸軍のM60A1戦車と同等でありながら装甲は勝っていた。しかし、フルシチョフ書記長が重戦車を冷遇したために量産されなかった。イサコフ技師は幸運にも、後にBMP歩兵戦闘車の設計者として有名になった。

今日の「ソ連」重戦車
Soviet heavy tanks today

数両の重戦車は走り回ることなく、現在も実戦部隊に残っている。1960年代初頭、中国との緊張が高まったために国境警備隊が強化された。この強化策の一環として、国境に沿ってトーチカが増設された。そしてもっとも費用対効果の高いトーチカ増設の方策として、退役した戦車を砲塔だけみえるようにして埋めた。当初、IS-2やIS-3が使われていたが、1970年代にはT-10までおよんだ。その大多数ではないだろうが、これらの戦車トーチカの多くは、今日でもその場所に残っているのだ。

stalin tanks in foreign service

諸外国のスターリン戦車

スターリン戦車はけっして幅広く輸出されていない。戦後になってより広範囲の市場開拓の姿勢をみせていたソ連だが、第二次世界大戦中は、わずかふたつの同盟国

の軍にIS-2を供与しただけである。

ポーランド
Poland

　ポーランド人民軍（LWP）は71両のIS-2戦車を受領し、第4、第5の2個重戦車連隊を編成した。両方の重戦車連隊は1944-45年の冬期攻勢からベルリンの最終戦まで、広範囲の戦闘に参加した。第4重戦車連隊は、1945年1月の攻勢で、ポメラニアにおける戦闘を任され、終戦までに31両の装甲車両と76門の砲を破壊し、自らも14両のIS-2を失った。第5重戦車連隊は、戦争の最終月に実戦投入され、ベルリンとプラハの戦闘に参加した。そのほかに、第6、第7重戦車連隊の2個連隊があったが、終戦までに編成が完了しなかった。ポーランド人民軍は24台のIS-2を戦闘もしくは機械故障で失い、21両をソ連に返還したため、終戦の時点で26台のIS-2を部隊配備していた。これらののこった戦車で、戦後に第7重戦車連隊が編成された。

　さらにポーランドは1946年に、2両のIS-3を訓練のために受領したが、この戦車は採用されることはなかった(訳注24)。

チェコスロバキア
Czechoslovakia

　チェコスロバキア軍は、ソ連国内でT-34とT-34-85を主装備とする第1戦車旅団を編成した。プラハでの勝利式典に参加するために、終戦直前に少数のIS-2がこの旅団に配備された。しかし、これらはチェコスロバキア軍の標準装備にならなかった。ポーランドと同様に、戦後、訓練目的で少なくとも1両のIS-3が、チェコスロバキア人民軍に売却された。

　ちなみに、ワルシャワ条約国の軍隊で戦車部隊にIS-3を配備した国はひとつもないばかりか、より近代的なT-10重戦車の獲得を試みようとする国もなかった。

中国
China

　1950年代初期、少数のIS-2重戦車が中華人民共和国に輸出された。朝鮮戦争に関する中国側のいくつかの文献では、これらのIS-2が1951年から1953年にかけて、朝鮮において国連軍との戦闘に参加したとされている。しかし、対峙したはずのアメリカ軍や他の国連軍には、いかなる裏付け記録もない。朝鮮戦争の停戦後に作成されたアメリカ情報部の報告書によれば、朝鮮における中国軍は4個の独立総司令部装甲連隊をもっており、各連隊はそれぞれ5両の戦車から成る4個のT-34-85中隊と1個のIS-2中隊で編成されていたという。

　少数しかないと推測される中国軍のIS-2部隊は、その戦闘能力の実態をはるかに超越した活躍ぶりが流布されていた。

　1950年代のインドシナ戦争の際に、中国がIS-2を伴って北ベトナムの支援をするかもしれないと、フランス軍は深く憂慮していた。この結果、スターリン戦車の脅威への対抗策として、実験的な見地

訳注23：滑腔砲。多くの砲では砲身の内側に螺旋状の溝（ライフル）が掘られている。この溝によって、弾が砲身内を通過する際に強制的に回転させて、砲口を出た後に、飛行を安定させるのである。この形式の砲はライフル砲、もしくは施条砲と呼ばれる。しかし、回転運動を与えられる際に生じる摩擦によって、発射時の運動エネルギーが損なわれるため、射程が短くなるという問題のほかに、砲身内部が摩耗するため定期的な砲身交換が必要であった。滑腔砲は、この問題点を根本的に解決するために生まれた砲で、砲身の内部に螺旋状の溝がない。砲弾は回転することなく砲口から出るため、運動エネルギーの摩擦損失が極めて少ないため、施条砲に比べて射程が伸び、砲身寿命も長いという利点があった。ただし、砲弾の飛行を安定させるために、弾そのものに安定翼を取り付けねばならず、砲弾の生産コストが上昇するという短所がある。

訳注24：2台のIS-3は、1両はポズナニの軍施設内の博物館に展示されたが、もう1両は射爆場で標的にされて長らく放置されていたが、その後、展示のためにワルシャワに運ばれた。

中国（中華人民共和国）は、戦後に、多くのIS-2重戦車を運用した国のひとつである。実際、ヴェトミン・ゲリラと戦っていた在インドシナ・フランス軍は、1952年から53年に中国インドシナ国境へIS-2重戦車が出現することを、非常に怖れていた。

から、少なくとも1両のパンター戦車がインドシナに送られた。最終的には、パンターは故障してしまったが、フランスは90mm砲を搭載したアメリカ製の駆逐戦車M36を、パンターの代わりに急送した(訳注25)。

キューバと北朝鮮（朝鮮民主主義人民共和国）
Cuba and North Korea

キューバは1960年代初期に約2個連隊のIS-2重戦車を受け取った。これらの戦車は1980年代まで運用されていたとする報告がある。

北朝鮮はIS-2とIS-3の両方を供与されたが、IS-3の方が多かった。1960年代には2個の機甲師団にそれぞれ1個ずつの重戦車連隊が配備された。

中東諸国
The Middle East

IS-3戦車を使用した、第二次大戦後もっともはげしい戦闘は1960年代にあった。エジプトは、軍の近代化プログラムの一環として、約100両のIS-3M重戦車をソ連から入手した。1967年の六日戦争（第三次中東戦争）では、21両のIS-3Mで編成される1個戦車連隊が、第7歩兵団とともに、ラーファーに配置された。さらにクンティルラに配置された第6機械化師団の第125戦車旅団も、約60両のIS-3Mを装備していた。IS-3Mはその重装甲のおかげで、エジプト軍のなかでもっとも恐れられた戦車であった。

イスラエルの歩兵部隊とパラシュート部隊は、それまでのバズーカ砲や他の対戦車兵器では、IS-3Mの前面装甲を打ち抜けないために、スターリン戦車と遭遇したときはかなりの苦戦となった。多くのイスラエル戦車のなかでも、とくにさまざまな形式のシャーマン戦車はIS-3Mと砲火を交えるには問題があった。より近代的な戦車、たとえば90mm砲を搭載したM48A2パットンでも、通常の戦闘距離では容易にIS-3Mの装甲を貫通することはできなかった。

ラーファー近郊に位置するエジプト軍を支援する戦車連隊のIS-3Mと、イスラエルの第7装甲旅団のM48A2パットンとのあいだで数回の交戦があり、数台のパットンが撃破された。通常、イスラエルの戦車兵たちは自らの戦車の装甲が充分でないという弱点を、行き届いた訓練と戦法で克服してきた。だが、このときのIS-3Mは彼らがもっともてこずる状況である遮蔽された場所から射撃をしてきた。

スターリン戦車は砲弾が分離式で、弾頭重量も重いため、ほかの戦車と比べて毎分あたりの発射速度が低いうえに、基本的に照準器の性能に問題があった。1967年の戦争で、エジプト軍は総計73両のIS-3Mを失った。

1973年の第4次中東戦争（ヨム・キプール戦争）の際には、少なくとも1個戦車連隊のIS-3Mが、まだ部隊配備されていたが戦闘にその姿をみせることはなかった。

1960年代後半の短い期間だけ、イスラエル軍は捕獲した数台のIS-3Mを部隊配備した。IS-3Mのエンジンは熱帯地方での使用に適していなかったため、この戦車の部隊での評判はよくなかった。イスラエルの兵站部は、IS-3Mの延命処置としてV-54-ISエンジンの換装を行ない、エンジンデッキも含めてT-54A戦車のエンジンやトランスミッションを丸ごと移植した。この改修のおかげでIS-3Mは少しはよくなった。そして1973年の戦争ののち、生き残っていたIS-3Mの大部分を防御トーチカとして使うため、ヨルダン河沿岸に遮蔽壕を掘って、そこに配置した。

訳注25：結局、中国はインドシナ戦争にIS-2を送らなかった。

variants

派生型

スターリン重戦車のもっとも重要な派生型は、関連が深い重突撃砲である。事実、第二次世界大戦中、IS-2のシャシーから造られた重突撃砲は、その基本型である重戦車よりも生産台数は多かった。これは、重戦車と比べて、重突撃砲は、はるかに経済的であるというのが理由のひとつである。さらに、重戦車や重突撃砲が使われるような状況では、砲塔は、絶対的な要素ではないという事実もある。

重突撃砲
Heavy assault guns

最初の重突撃砲は、KV-1Sのシャシーから造られたSU-152であった。1943年4月から9月までに約700両がチェリャビンスクで完成した。1943年夏のクルスク戦で広く戦闘に参加し、新型のフェアディナント突撃砲(のちにエレファント駆逐戦車)やティーガーI重戦車を破壊できる能力があったため、ズヴェラボイ(狩人)のニックネームで呼ばれた。事実、この当時、SU-152はドイツの新型重戦車/駆逐戦車を難なく破壊できる唯一のソ連装甲車両であった。

SU-152の成功のおかげで、IS-2がチェリャビンスクで生産が始まったときに、この戦車のシャシーから同様の車両を作ることは、当然とみなされていた。

試作車イズデリエ241(訳注26)の製作は、IS-85の試作車と平行作業で進められた。試作車は戦闘室側面が高い外観となったものの、SU-152と似ていた。実際には、KV戦車の車体はIS戦車の車体より深かったため、イズデリエ241の戦闘室は主砲と弾薬を収納するために高くなってしまった。車内容積はどちらもほぼ同じで、携行弾数もともに20発であった。イズデリエ241の主砲はSU-152と同じ152mm車載加農榴弾砲ML-20Sであった。イズデリエ241の試作車は、1943年の夏に国家防衛委員会(GKO)に披露され、ISU-152として採用された。

ISU-152の生産は大きな問題に直面した。主砲のML-20用砲身が欠乏していたのである。ソ連の火砲工場では、ISU-152へ砲身を継続的に供給するのは困難であったのだ。けれども、122mm軍団砲A-19であれば弾薬のみならず、砲身も供給できた。かくして、1943年の夏、国家防衛委員会(GKO)はチェリャビンスクの第2特別設計局(SKB-2)に対し、ISU-152の車体に122mm軍団砲A-19の搭載の可能性を調査するよう命じた。これはさほど困難な作業ではなかった。なにせ、普通の牽引砲では、A-19とML-20は同じ砲架に搭載されていたからだ。唯一の

上●ISU-122とISU-152は、ISU-122が122mm砲A-19の砲身を取り付けている以外、同じ外観である。このポーランド軍のISU-122は、ポズナニに展示されている。(Janusz Magnuski)

下●ISU-122Sは、ISU-122-2とも呼ばれ、戦車と同じ型の閉鎖機に改良された砲である122mm車載砲D-25Sを装備している。この砲は、砲の射角を広くするために改良された球体形状の防楯に取り付けられた。

訳注26:実際にはオビーエクト241。

貴方が考えているよりは比較的広いISU-152の車内。5名の乗員と砲弾が、ここに納められる。画面の右にあるのが152mm加農榴弾砲ML-20Sの閉鎖機で、中央部にみえているのが操縦席である。

大きな変更点は、車内の弾薬収納架であった。

　この122mm砲搭載の試作車であるイズデリエ242(訳注27)は、1943年後期に完成した。この車両も国家防衛委員会(GKO)によって、ISU-122として採用された。最初の35両のISU-122とISU-152は、IS-85とともに1943年12月に完成した。

　最初のISU-122とISU-152の部隊は、1944年2月に編成された。独立重自走砲連隊(ОТСАП/OTSAP)と呼ばれたこの部隊は、新しい重戦車連隊、まったく同じ組織内容の特別連隊であった。1個連隊は4個中隊で構成され、合計21両の重突撃砲が配備された。一般的に連隊は同一車種でのみ組織され、ISU-122とISU-152が混成されることはなかった。なお、実際に戦場で使用されるまでは、両方の重突撃砲に区別はなかった。独立重自走砲連隊は、終戦までに合計53個が編成された。

　独立重自走砲連隊の運用は、独立親衛重戦車連隊と大きく異なることはなかった。主な役割は突破作戦の支援攻撃と、軍もしくは、軍団、師団などの予備戦力であった。ISU-122とISU-152は、ドイツの防衛拠点や対戦車陣地への長射程からの攻撃や、歩兵や戦車の攻撃の際に、後方からの支援砲撃を期待された。また、ISU-122とISU-152は主砲の射角が限定されるうえ、側面からの攻撃には弱かったため、近距離戦闘には向いていなかった。

　ISU-122は射程の長い駆逐戦車として、とくに評判が高かった。ISU-122がドイツ重戦車を攻撃する場合、普通は待ち伏せ攻撃を行った。これに対して、ISU-152は対戦車戦闘には向いていなかった。主砲の152mm加農榴弾砲ML-20Sは弾頭が重いために初速が遅く、122mm砲と比べると、装甲貫通力が劣っていた。たとえば、ML-20Sは1000mの距離から120mmの装甲を貫通したが、122mm砲なら同条件で160mmを貫通できた。しかも、その照準器は1000mを越す距離の戦闘では、精密な測距が難かしかった。通常、ISU-152を作戦に使う際には、もっとも威力を発揮できるHE弾(榴弾)の使用が効果的であった。この砲弾は、ドイツ兵が立て籠っている拠点の粉砕など、とくに市街戦での評価が高かった。

　重突撃砲が最初に大きな役割を果たしたのは、1944年夏のバグラチオン作戦のと

訳注27：同じくオビーエクト242。

訳注28：実際にISU-122Sに搭載されたのはD-25S。

訳注29：実際にはオビーエクト249。

訳注30：イズデリエでなくオビーエクト243、246、247、250。このうち、試作車が製作されたのは246、247、250。

訳注31：これがオビーエクト246。

訳注32：これがオビーエクト247。

訳注33：これがオビーエクト250。

きであった。それまでの重戦車や重突撃砲がもっとも数多く集結し、14個の親衛重自走砲連隊が敵の防衛線の突破作戦に割り当てられた。重突撃砲が一番集められたのは、ベラルーシの首都ミンスクでの二方向からの囲い込み攻撃の際であった。この両先鋒を担当したのは、第49軍の2個連隊と第5軍の3個連隊であった。

重自走砲連隊はポロツクとヴィテフスクの戦闘でもその名を高めた。8個の連隊が彼らが解放した都市の名前を称号として部隊名に冠することになり、3個連隊が赤旗勲章を授与され、さらに3個連隊が赤星勲章を授与された。ISU-122とISU-152は恐怖のティーガーIを葬れる敵としてすぐに名声を得た。この名声は真価に値するものであった。たとえば、1944年の夏のベラルーシとバルト海沿岸での戦闘で、第502重戦車大隊の12両のティーガーIが撃破されたが、その約半数はISU-122、もしくはISU-152によるものであった。

さまざまな理由から、ISUの主砲は1944年に改良されることになった。122mm砲A-19は、IS-2戦車が装備していた半自動式の鎖栓式閉鎖器に改良された。このIS-2に搭載された122mm砲はD-25Tと呼ばれ、毎分の発射速度が、A-19では2発であったのが、D-25Tでは3〜4発に増加していた。この砲はISU-122にも採用された(訳注28)。試作砲はイズデリエ249(訳注29)という試作車に搭載された。イズデリエ249は主砲の射角を大きくするために形状を改めた防楯を装備していた。この試作車は採用されISU-122Sとして量産された。ISU-122Sは、ISU-122-2とも呼ばれた。

1943年にパンターやティーガーIが続けて出現したために、ソ連は1944年には、もっと重いドイツの装甲戦闘車両が出現すると予想した。この結果、ISU-152の152mm加農榴弾砲の装甲貫通能力を向上させるさまざまな試みが行われ、いかに巨大なドイツ戦車にも対処できる新しい砲の開発も行われた。これらには、計画名称がイズデリエ243、246、247、250の少なくとも4種類のプログラムが存在した(訳注30)。

ISU-152-1は、長砲身の152mm試作砲BL-8をISU-152の車体に搭載した車両であった(訳注31)。この砲は、ISU-152の装甲貫通能力を実質的に向上させるべく、砲弾の初速を900m/sまで引き上げていた。

ISU-152-2に搭載して性能調査が施されたBL-10は、BL-8と少し異なっていたが、性能的には似たような砲であった(訳注32)。

ISU-130に搭載された130mm砲S-26は、海軍砲としてすでに採用されていた砲の転用であった(訳注33)。この砲がほかの改良型152mm砲よりも有利な点は、砲弾が大きくないため、ISU-152が21発しか携行できないのに、25発を搭載できたことであった。この砲の改良型であるS-26-1は、ISU-122Sの車体に搭載されてISU-122BMにな

ISU-152突撃砲は、第二次大戦最後の年に突破作戦を支援する機動火力として広く使用された。写真は、1945年1月の冬の戦闘にて、ポーランドの街であるチェストチョヴァで、乗員が方角を知るために、地元の将校と話をしているところ。

った。130㎜砲S-26-1は、装甲貫通能力を上げるために、長砲身化して、砲弾の初速を1000m/sまで引き上げていた。

　これらの砲はどれひとつとして採用はされなかった。それぞれの砲が完成に向けてテストを行っている最中、ISU-122とISU-152はすでに戦場で成功を納め、危惧されたドイツの新型戦車、ティーガーIIは数が少なく、問題とならなかったのだ。

　戦時中、最後に計画された重突撃砲は、ISU-152 1945年型で、新しいIS-3戦車のシャシーを流用した新型であった。この重突撃砲は、IS-2を基本としたISU-152よりも、傾斜面を取り入れた斬新な戦闘室を採用していたが、実際には装甲防御以外の面での優位性はわずかであった。ISU-152 1945年型は、ISU-152とともにソ連の重突撃砲として採用された。

　1945年3月、ISU-152の生産は古巣であるレニングラードのキーロフスキイ工場に移された。この工場は、忌まわしい900日の都市封鎖後に、街の工業基地として再建の努力をしていた。

　ISUは1944年に合計2510両が生産され、1945年6月までに1530両が追加された。大戦中の生産台数の合計は約4075両に達する。ISU-152の生産が終了したのは1955年で、戦後の生産台数の合計は約2450両である。ISU-122の生産は戦後間もなく終了したが、1947年に再開された。1947年から1952年までにおよそ3130台のISU-122が生産されている。

　戦後、ISU-152には二度の大きな近代化改修が施された。まず、1956年にISU-152Kとしての近代化が始められた。TPKU間接照準器付きの新型車長用キューポラの導入、対空用の12.7㎜機銃DShKのための装着リングの追加（訳注34）、車内の砲弾収納架も増設されて主砲弾の携行数が30発になった。改良されたPS-10直接照準器も備えられた。初期のエンジンもV-54Kエンジンに換装され、車外の筒形の予備燃料タンクは3個から6個に増えた。エンジンの冷却機構は改良され、新型の通信機も導入された。ISU-152Kは戦後の標準型重突撃砲となった。

　1959年、二度目の改修が最終型であるISU-152Mに施された。この車両は基本的にIS-2Mの近代化プログラムと平行作業されたため、12.7㎜機銃用の弾薬収納架の増設や、車内の自動装置類の改良など、IS-2Mと同様の特徴を備えている（訳注35）。

　1955年に、T-10のシャシーを流用した新型重突撃砲の開発が決定した。計画名称はオビーエクト268で、砲身にエバキュレーターを装着した改良型の152㎜加農榴弾砲を単純な箱型戦闘室に搭載した突撃砲へと改造された。オビーエクト268の試作車は1956年に性能審査に送られた。だが、すでに大量のISU-152が部隊にあることから、この車両の必要性は疑わしいとされて、量産採用はされなかった。

訳注34：リングだけでなく、戦闘室上面に対空機銃架のあるハッチそのものが追加された。

訳注35：本書の解説は混乱しているらしく、実際には、ISU-152は、まず1956年にISU-152Kに改修され、1959年にISU-152Kへと追加改修される。また、全車がISU-152Kになった訳ではなく、ISU-152Mのままの車両も多い。ISU-152Mの外観は、大戦中のISU-152とさほど変わらないが、ISU-152Kは戦闘室上面、エンジンデッキなど、まったく異なっている。

訳注36：コンデンサー、凝縮機の意味。

訳注37：ロシアの川の名前。

訳注38：この怪物自走砲は、406.4㎜加農榴弾砲を装備する方が「オビーエクト271」、420㎜後装式迫撃砲「オカー」を武装としたのが「オビーエクト273」で、1957年に試作車が完成した。両方とも採用され、1個中隊分にあたる4両ずつが製造されて、正式名称はオビーエクト271が「2A3」、同273は「2B1」となった。重量は、2A3が64t で、2B1が55.3t であった。

訳注39：これは搭載砲の名称で、車両名は2B1である。

下左●ISU-152とISU-122は1960年代に部隊から退役し、何両かはBTT-1重装甲回収車に改修された。主砲を外し、空いた穴を鋼板で塞いで、回収作業に必要な装備が追加された。写真のBTT-1は、1973年のシナイでの戦闘後にイスラエル軍に捕獲された。

下右●ソ連で最後に開発された重突撃砲がオビーエクト268で、T-10の車体に改良された152㎜加農榴弾砲ML-20Sを搭載している。測距は戦闘室上面の右前部のキューポラに装備されたステレオスコープ式レンジファインダーで行う。この重突撃砲は採用されなかった。

派生型

42

1950年代後半、レニングラードのキーロフスキイ工場のコーチン設計局は、スターリン戦車のコンポーネントを流用した、彼らの最後の重自走砲計画に取り組んでいた。この計画はアメリカ軍の280mm原子砲に対抗するためであった。イズデリエ271のシャシーから2種類の別の型が造られた。

　「コンデンサトー2P」(訳注36)は、グラビンの設計した射程距離が28kmもある406mm砲SM-54を装備していた。

　「オカー」(訳注37)はシャイヴリンの420mm後装式迫撃砲を搭載し、核砲弾も射撃可能で、射程距離は45kmであった。

　どちらの車両も重量は約55tで、主砲の発射速度は遅く、5分につき1発であった。アメリカの諜報機関は、これらの自走砲の最大射程を25km以上と推測していた(訳注38)。

　オカー(訳注39)は改良され、新型が1960年のモスクワでの十月革命記念パレードに姿をみせた。どちらの自走砲も最高総統帥部（RVGK）直轄予備砲兵の特別砲兵連隊に配備されたが、非常に短い期間しか部隊配属されていない。

　どちらの自走砲も輸送が困難であるにもかかわらず、試験場における性能は大したことがなかった。両車とも、R-11（スカッド）やルナ（FROG-3）のような戦術弾道ミサイルの実用化の影響から、1960年代初期には退役してしまった。

スターリン重戦車のコンポーネントは多くの種類の試作車に流用された。1950年代中期、レニングラードのキーロフスキイ工場のコーチン設計局は、核砲弾を射撃可能な超重自走砲を複数開発した。これはその一例で、グラビンの設計した406mm砲SM-54を主砲とするコンデンサトー2P（正式名称は2A3）自走砲である。この自走砲の備砲の弾頭重量は470kg、射程距離は28kmであった。

ISU-152 1945年型はIS-3戦車から派生した突撃砲として開発された。避弾経始を取り入れた車体は、標準型のISU-152よりもすぐれていたにもかかわらず、量産されなかった。

ミサイル搭載車両
Missile vehicles

　1954年、カリーニングラードのコロレフ設計局（OKB-1）はソ連初の戦術弾道ミサイルR-11を開発した。R-11は戦術核弾頭の搭載を意図していた（訳注40）。

　レニングラードのキーロフスキイ工場のコーチン設計局は、ミサイルの発射と運搬を行える車体の開発を命じられた。ミサイルを含むシステム全体は8K11と呼ばれた。ミサイルの昇降機構や発射架を含む特殊な構造物を、IS重戦車のシャシーに搭載した自走ランチャーそのものはZU218と呼ばれた（訳注41）。

　西側情報機関はこれらをSS-1b「スカッド A」として識別した。8K11のために、戦術ミサイル旅団が組織された。1個旅団は3個のランチャー大隊で成り、それぞれ3両の8K11が配備された。この旅団は軍規模の部隊傘下に置かれ、約100台の自走ランチャーが作られた。

　1950年代後期、ミアッスのマケイェフ設計局は、R-11ミサイルの改良型であるR-17ゼムリャ（大地）を開発した。このミサイルはR-11よりも全長が長いため、自走ランチャーも改良を求められた。コーチン設計局は8K11システムを8K11/8K14へと近代化した。この名称は、どちらのミサイルでも発射できるランチャーであることを意味した。後者を西側ではSS-1c「スカッド B」と呼んだ。8K11/8K14は、1961年まで部隊配備された。

　IS重戦車のシャシーをベースとした自走ランチャーZU218（2P19）は、その振動によって、搭載したシステムが重大な問題を起こすため適切なものではなかった。加えて、IS重戦車のシャシーの生産はすでに終了していた。かくして、新しいランチャー9P117は、MAZ-543重装輪輸送車を

上●スターリン重戦車のシャシーは、さまざまなミサイル・ランチャー車にも流用された。これはおそらく、ソ連名「マルス［訳者注：実際にはフィリンが正しい］」であろう、初期の無誘導式核ロケットシステムで、NATOではFROG-1と呼ばれている。

下●8K11は、最初に成功した戦術核弾道ミサイル・システムで、西側ではSS-1b「スカッドA」として知られている。このランチャーはコロレフの開発したR-11弾道ミサイルを発射する。ZU218は1960年代初頭から、この写真のハンガリーを含むワルシャワ条約加盟各国に輸出された。

ベースに開発された。このシステムは1965年に姿をみせ、スカッド・ランチャーの標準型となった。

　IS重戦車のシャシーは1950年代初期の無誘導戦術弾道ロケットの自走ランチャーとしても使用され、西側ではFROG-1(地対地無誘導ロケット弾 1型)と呼ばれた。この最初のロケットは、おそらく「マルス」という計画名でガニチェフ設計局によって開発され、1957年に姿を現わした(訳注42)。

　自走ランチャーは、8K11システムのものと似ていたが、ロケットは長いチューブ状の構造物で完全に覆われていた(訳注43)。この特殊なロケットシステムは大成功とはいえず、1950年代の終わりには表舞台から姿を消した。これに代わってコーチン設計局では、PT-76軽戦車をベースにより機動性のよい自走ランチャーを開発した。

回収車両
Recovery vehicles

　IS重戦車とISU重突撃砲の重量は、専用の回収車両を必要とした。当初は砲塔を外したKV重戦車が、この任務に使用されていた(訳注44)。けれども、終戦までにはこの車両のスペアパーツ不足が懸念された上に、愚鈍なKVの車体では急展開する重戦車と重突撃砲部隊に、充分な対応ができなかった。当座の解決策として、1945年に数両の未完成のIS-2がIS-2T(Tはトラクターの意味)という名称の回収車に改造された。この車両は、基本的に砲塔のないIS-2m(IS-2 1944年型)であった。1950年代になると、IS-2Tの何両かはターレットリングを塞ぎ、そこにIS-2のキューポラを取り付けた。1960年代に、IS-2Mが第一線装備から外されると、その多くが、回収車に改修されて残った。やはり、ターレットリングを鋼板で塞ぎ、そこに車長用キューポラを左側に寄せて取り付けていた。

　真剣に重装甲回収車を開発しようとする取り組みは、1950年代になってからはじま

8K11/14はZU218戦術核弾道ミサイル・ランチャーの改良型で、マケイェフの開発した、より大型のR-17「ゼムリャ」ミサイル(SS-1c スカッドB)を発射できた。このランチャーは、1965年にMAZ543重装輪式輸送車をベースに開発された9P117ランチャーに更新された。

訳注40:コロレフ設計局がOKB-1となるのは1960年代で、この時期は「KB-1 NII-88」と呼ばれていた。

訳注41:IS戦車ベースの自走ランチャーの名称は、実際には2P19である。

訳注42:ソ連初の無誘導戦術弾道ロケットは3P1「フィリン」で、マルスは、そのつぎの3P2の名称である。

訳注43:覆われているのは胴体部だけで、推進部と弾頭は剥きだしである。

訳注44:KV-T装甲回収車である。

った。実戦部隊の重突撃砲をISU-152に統一するという計画によって、ISU-122が退役させられ、たくさんのISU-122の車体が余剰品となった。最初に生産された装甲回収車はISU-Tと呼ばれ、単に主砲を防楯ごと外して空いた穴を塞いだだけの代物であった。1959年に、ドイツのベルゲパンツァー（回収戦車）と、それのソ連の対抗車であるT-54Aのシャシーを使ったBTS-2を規範とし、より実用的な車両開発に着手してBTT-1重装甲牽引車が完成した。主砲を外し、空いた穴を鋼板で塞ぐのはISU-Tと同じだが、さらに大きな作業用プラットホームを車体後部に設けており、戦闘室には重ウインチを装備していた。車体後部には、ウインチを使用する際に車体を固定する大型スペードも装着された。

1960年に近代化改修がはじまり、溶接作業やほかの野戦修理のために発電機が追加されBTT-1Tと呼ばれる車両となった。BTT-1シリーズには、部隊ごとにいくつか派生型があった。ある部隊はBTT-1を現地改修してAフレームクレーンを追加装備した。

variants in foreign service

諸外国における派生型

スターリン重戦車は、大々的に輸出されなかったにもかかわらず、その派生型のほうは、かなりが輸出された。IS-2戦車と同様、第二次大戦中にスターリンの派生型をもっとも多く部隊運用したのはポーランド人民軍（LWP）であった。

ポーランド人民軍は、ISU-122を装備する第25自走砲連隊を1個編成していた。この部隊は第1ポーランド装甲軍団の一部として1945年3月から始まったニュサ川の戦闘に参加した。他の重突撃砲連隊の編成も計画されたが、充分なISU-152が供与されなかった。そこで、第13自走砲連隊は2個中隊のISU-152と、2個中隊のSU-85中突撃砲から成る混成連隊として編成された。この部隊は1945年5月のベルリン戦に参加している。戦後は、ISU-122とISU-152はともにポーランド軍に残された。1960年代後期には、少数が回収車に改造された。

このほかの国で唯一、大量のISU-152を受領したのはエジプトであった。1960年代初期に、エジプトは少なくとも1個連隊のISU-152を購入している。イスラエル軍は1967年と1973年に、ISU系の装甲回収車であるBTT-1と同様に、これらの少数の重突撃砲とも遭遇している。後年、これらの重突撃砲はスエズ運河沿いの半固定式の防衛陣地に据え置かれた。

もっとも広く供与されたスターリン戦車の派生型は、8K11と8K11/8K14ミサイル・ランチャーである。ポーランド、チェコスロバキア、東ドイツ、ルーマニア、ハンガリー、ブルガリアのすべての国が、ワルシャワ条約加盟国の装備近代化計画の一環として、1960年から61年にかけて、このシステムを購入させられた。ポーランド、チェコスロバキア、東ドイツは、1960年代後期により信頼性の高いMAZ-543装輪輸送車をベースとした9P117「ウーラガン」ランチャーに更新した。

知られている限りでは、輸出されたすべてのR-17ミサイルは、ワルシャワ条約加盟国以外は、9P117「ウーラガン」ランチャーに搭載された。だが、イラクが訓練目的で少なくとも1両の8K11/14ランチャーを入手したとする、いくつかの報告もある。

訳注45：ベルリン戦では、自国の対地攻撃機からの誤爆を防ぐのが主目的であった。

訳注46：残念ながらイラストのスローガンはキリル文字の綴りに誤りがある。正しくは"МИХОЯНА"ではなく"МИКОЯНА"。これは実車の写真から確認できる。

訳注47：ザロガ氏のこの旅団の1個大隊あたり3個分隊という記述は、何をいっているのか理解できない。1個重突撃砲旅団は3個重突撃砲連隊から成り、各連隊は4個中隊で編成される。1個中隊は5両のISU-122/-152が装備され、1両の中隊長車で、4両のISUを指揮する。1個連隊あたりのISUの装備数は、連隊本部車両の1両を入れて計21両で、旅団合計では、旅団本部車両2両を含めて計65両になる。

カラー・イラスト解説 The Plates

(カラー・イラストは25-32頁に掲載)

A
**図版A：IS-2 1944年型　第104戦車連隊
第7親衛ノブゴロドスキイ戦車旅団　ベルリン　1945年5月**

第二次大戦中のソ連戦車の基本塗装はダークグリーンの単色塗装であった。1944年から45年にかけて、戦術マークを描いた車両がそれまでよりも増えたが、主な目的は攻勢時の交通整理を行いやすくすることにあった。

このIS-2の手の込んだマーキングは、しばしば大戦末期にみられる。砲塔側面の白帯と上面板の白十字の塗装は、ソ連軍と米英連合軍の両軍がドイツ軍と遭遇したとき、連合軍の戦闘爆撃機によるソ連戦車への誤爆を防ぐために1945年4月にソ連軍と米英連合軍との間の合意に基づいた識別用であった。1945年4月29日、ソ連軍はこの識別塗装を施したドイツ戦車を発見したため、識別塗装の変更を決意した。新しい識別塗装は、砲塔上面に大きな白い三角形と、砲塔側面に小さな白三角形を描くとした。しかし、この変更は、のちの5月プラハ攻撃作戦（1945年5月6日から5月11日まで）までは実行されなかった。ベルリンの戦闘のあいだは、まだ対空識別用に砲塔に白十字を描くことが、広く行われていた（訳注45）。

第7親衛戦車旅団のマークは、赤い星の上に白い北極熊であった。このマークは旅団の初期における活躍の結果である。ドイツの侵攻前まで、この部隊はバルト地区に展開する第21機械化軍団傘下の第46戦車師団であった。1941年の敗退後、第46戦車旅団に改編され、レニングラード地区で戦った。1944年夏のフィンランド攻撃の功績が認められ、同年、第7親衛戦車旅団に名称変更された。同年11月、旅団は北極圏のペッツァモ周辺で、ドイツ軍と戦った。このときの戦闘を記念して、北極熊が部隊マークとなった。極北の地から戻ったのち、旅団は装備をT-34戦車からIS-2スターリン戦車に更新された。こうしてドイツに対する最後の攻撃である、ベルリン中心部の戦闘に参加する新しい重戦車旅団のひとつとなったのである。

旅団は第104、第105、第106の3個連隊をもっていた。砲塔番号の最初の一桁は所属連隊を意味し、この車両の場合は第104戦車連隊である。この車両は名前があり、砲塔の後部に「戦友」と書かれている。

B
**図版B-1：IS-2 1944年型　ポーランド第4重戦車連隊
ベルリン地区　1945年**

ソ連軍と一緒に戦ったポーランド軍部隊はマーキングの方法も似ていた。砲塔側面の白帯と上面の白十字は、ベルリンの戦闘に参加したIS-2の典型である。部隊マークは、赤い菱形の上に白いピアスト・イーグルである。鷲のマークはポーランド共産党の国家紋章で、ポーランド伝統の国家紋章であるロイヤル・イーグルから王冠を外している。赤い菱形は、共産主義の象徴色である一方、ポーランドのナショナルカラーである赤と白の片方でもある。さらに、このマークはあらゆるソ連の戦車兵たちからも親しまれた。なぜなら、菱形はソ連軍の地図では装甲部隊のシンボルであるからだ。砲塔側面に書かれた車両番号のシステムはソ連の方式に倣っている。

**図版B-2：IS-2 1944年型　第78親衛重戦車連隊　ジーラヴァ
チェコスロバキア　1945年**

これはまさに独立重戦車連隊の典型的なマーキングである。連隊は小さいので、数字は2桁だけである。この場合、連隊の戦車は全部で21両あるので、順番に番号を付けている。連隊マークは黄色い菱形にキリル文字の「Д (D)」である。「Д」が何を意味するのかは不明。

C
図版C-1：ISU-122S　ベラルーシ第2方面軍　グダニスク　1945年2月

このISU-122Sの所属部隊は不明だが、ポーランドのグダニスク（ダンツィヒ）獲得後の重突撃砲連隊の車両。マーキングは標準的な2桁の車両番号で、おそらく第2中隊の3号車を意味するのであろう。スローガンの意味は「ミコヤンの名を冠する」で、スターリンの側近のひとりであるアナスタス・ミコヤンと関係があるのだろう。ちなみに、彼の兄弟のアルチョーム・ミコヤンは、MiG戦闘機の設計者として有名になる（訳注46）。

図版C-2：ISU-152　親衛重突撃砲旅団　1945年4月

この名称不明部隊に属するJSU-152には、普通よりも手の込んだマーキングがみられる。戦闘室側面のスローガンは「解放されたキーロフスキイ」で、車両番号はめずらしく赤く縁取りされている。数字が大きいのは、連隊ではなく旅団編成を意味している。通常、2桁の最初の数字は分隊を意味し、1、2、3は第1大隊の各分隊で、4、5、6は第2大隊の各分隊となっている。（訳注47）

戦闘室前面の上部には部隊マークが白で書かれているが、この詳しい由来は不明である。ただ、同様のマークがいくつかの地図に記号として書かれている。ソ連軍の部隊マークは、現地部隊で考えられ、ドイツ軍の諜報活動に対して彼らの実態をわからなくすべく、故意に単純化されている。

D
図版D：IS-2 1944年型　第95親衛独立重戦車連隊　ベルリン　1945年

IS-2に採用された車体形状は、規範として1960年代までのこった。前身のKV戦車では、車体前部に操縦手と通信手兼前方機銃手の乗員2名が位置した。通信手兼前方機銃手は、スペースの確保と装甲を強化するために廃止された。そのため、通信機は砲塔の車長席に移され、前方機銃は固定式となり操縦手によって操作される。固定式機銃では正確な射撃はできないにもかかわらず、戦車兵はこれを「ドラム缶程度の大きさの標的であれば、1連射で当てられる」と主張して使用した。砲塔には、残りの乗員が乗り込んだ。車長は砲塔の左後部、砲手は車長の前方で、装填手は砲塔右側に位置した。砲弾は分離式で、弾頭は垂直に立てた状態で砲塔後部の張り出し部分のラックに収納された。薬筒は金属製の箱に入れられて、戦闘室の床に納められた。主砲の122mm戦車砲D-25Tは、同軸機銃である7.62mm機銃DTMを右側に装備していた。この機銃の弾倉交換は装填手が担当した。砲塔の左後部には、球状銃架に搭載されたDTM機銃も追加装備されていた。

エンジンは戦闘室のすぐ後方に位置し、冷却機構とトランスミッションが続いた。走行装置はKV戦車とまったく同じく、後部に起動輪があり、トーションバーサスペンション方式であった。

E
**図版E：T-10M　親衛重戦車自走連隊　ダニューブ作戦
プラハ　チェコスロバキア　1968年**

このT-10Mは、1968年の（いわゆる「プラハの春」に対する）チェコスロバキア侵攻のダニューブ作戦における典型的なマーキングを施された。1960年代のソ連戦車のマーキングは、通常は非常に単純で、車体側面に白い車両番号だけであった。作戦中は大戦中を思い出させる、より手の込んだ部隊マークが道路上の移動や、鉄道での輸送の管理を容易にするために採用された。この戦車の場合、黒い四角形の上に白でマークがペイントされた。幾何学的な形は、しばしば専門家のいない師団のなかで計画的に作られた。この車両の場合は、大きなダイヤである。ナンバリングにもさまざまな意味がある。この5-10/37の意味は、おそらく5は連隊の輸送番号で、10は全体の輸送番号、37が車両番号で、第3中隊の第3小隊の戦車なのであろう（第1小隊が1-3、第2が4-6、第3が7-9）。

ダニューブ作戦において、侵略軍とチェコスロバキア軍の戦車を識別するマーキングは、1945年のベルリンで使ったものと似ていた。作戦に参加した戦車は、上からみて十字になるよう砲塔に白いバンドを書き込んでいた。白バンドは、車体側面や前面、後面まで伸びていた。

F
図版F-1：IS-3M　エジプト第4装甲師団　カイロ　1967年

このカイロの近衛師団は、イラストにみられるようなエンブレムを描かれ、しばしばパレードに使われた。この車両の場合、師団の重戦車連隊で紀元前のファラオの遺跡で発見された王家のハゲ鷹のマークが描かれている。このマークは実戦では使われない。1967年のシナイでの戦闘に投入されたIS-3Mは、すべてのマーキングを消しておりライト・サンドで塗装されていた。

図版F-2：ISU-152　ゲニファ丘の防衛線　スエズ運河地区　1973年

第4次中東戦争の際、多くのIS-3MとISU-152は迷彩塗装を施していた。ライト・サンドを全体に吹き付けたあとで、ダークグリーンと、ややピンクがかったレッドブラウンで迷彩パターンが描かれていた。この塗装図の車両はスエズ運河を見渡せるイスマイリアの南部にあるゲニファ丘の防衛線の一部を担っていた。

G
図版G：IS-3　沿岸防衛部隊　北方領土　1992年

多くのIS-3とT-10戦車が、ロシア極東防衛のトーチカとして、部隊に残っている。これらの戦車の何両かはまだ走行できる状態にあるが、多くは、完全に車体を埋められている。

このIS-3は特殊な例だが、日本と向かい合う海岸を見渡せる塹壕に入り込んで、沿岸防衛トーチカとなっている。全体をミディアムグリーンで塗装されているが、通常より明るいのは、陽光によって退色したためである。そこにミディアムブラウンの大きな丸いパターンがスプレー塗装されている。

特殊目的に使用されているため、部隊マークはない。

◎訳者紹介

高田裕久(たかだひろひさ)

　1959年10月生まれ、千葉県市川市出身。法政大学経済学部卒、専攻はソ連重工業史。1983年より市川市にて模型店「MAXIM」を経営。そのほかに模型開発の外注も行い、香港のドラゴンモデルのAFVキット開発をいくつか手掛ける。最近は「GUM-KA」にて、世界水準の国産レジンキット開発を進めている。

　主な著作に「ソ連重戦車スターリン」(戦車マガジン社刊)、「BT/T-34戦車(1)」「第二次大戦のソ連軍用車両」(上・下)(以上、デルタ出版刊)、『クビンカ　フォトアルバムVOL.1』(CA-ROCK Press刊)など。訳書に『クビンカ戦車博物館コレクション』(モデルアート社刊)などがある。

「MAXIM」ホームページアドレス　http://www.ann.hi-ho.ne.jp/maxim/

オスプレイ・ミリタリー・シリーズ
世界の戦車イラストレイテッド **2**

IS-2 スターリン重戦車 1944-1973

発行日	2000年4月　初版第1刷
著者	スティーヴ・ザロガ
訳者	高田裕久
発行者	小川光二
発行所	株式会社大日本絵画 〒101-0054 東京都千代田区神田錦町1丁目7番地 電話:03-3294-7861
編集	株式会社アートボックス
装幀・デザイン	関口八重子
印刷/製本	大日本印刷株式会社

Ⓒ1994 Osprey Publishing Limited
Printed in Japan

IS 2 Heavy Tank 1944-73
Steve Zaloga

First published in Great Britain in 1994,
by Osprey Publishing Ltd, Elms Court, Chapel Way, Botley,
Oxford, OX2 9LP. All rights reserved.
Japanese language translation ©2000 Dainippon Kaiga Co.,Ltd.

Acknowledgements
The author would like to thank a number of friends and colleagues for their help in preparing this book. First and foremost to Janusz Magnuski for his extensive aid in tracing Soviet heavy tank history. Thanks to the staff of the Kubinka armour museum for access to their superb collection, examples of which are shown for the first time in photographs here. Thanks also to Bob Fleming at the Budge Collection for access to the many interesting examples of Soviet heavy armour in their collection. Thanks to Stephen Sewell for help with the many new Russian publications on the Stalin tanks. Acknowledgements also go to Joseph Bermudez and Sam Katz for help in tracing the foreign use of Stalin heavy tanks. Special thanks also go to many colleagues in Russia and Belorussia for help in supplying photographs and drawings.